工程造价指标分类及编制指南
（房屋建筑工程）

GONGCHENG ZAOJIA ZHIBIAO FENLEI JI BIANZHI ZHINAN
(FANGWU JIANZHU GONGCHENG)

中国建设工程造价管理协会　主编

中国计划出版社

北　京

图书在版编目（ＣＩＰ）数据

工程造价指标分类及编制指南. 房屋建筑工程 ／ 中国建设工程造价管理协会主编. -- 北京 ： 中国计划出版社，2022.8

ISBN 978-7-5182-1483-9

Ⅰ．①工… Ⅱ．①中… Ⅲ．①建筑造价管理－指南 Ⅳ．①TU723.31-62

中国版本图书馆CIP数据核字(2022)第149589号

责任编辑：刘　涛　　封面设计：韩可斌
责任校对：杨奇志　　责任印制：李　晨　王亚军

中国计划出版社出版发行
网址：www.jhpress.com
地址：北京市西城区木樨地北里甲 11 号国宏大厦 C 座 3 层
邮政编码：100038　电话：（010）63906433（发行部）
北京市科星印刷有限责任公司印刷

787mm×1092mm　1/16　13.75印张　233 千字
2022 年 8 月第 1 版　2022 年 8 月第 1 次印刷

定价：48.00 元

前　言

为适应工程造价新发展理念的管理要求，提升行业数字化应用能力，实现工程造价指标数据的共享，指导工程造价从业人员及企业对工程造价指标分类及编制工作，引导企业加强工程造价指标数据积累，提升工程造价管理和服务水平，特编制《工程造价指标分类及编制指南》（以下简称《指南》）。

《指南》从工程造价指标的层级体系、项目特征、指标构成内容、计算规则等角度进行工程造价指标形成的研究，确定工程造价指标的编制原则、编制方法、表现形式、特征描述等内容，明确各项工程造价数据的归集范围、计算口径，供工程造价咨询企业和从业人员参考使用。

《指南》依据国家颁布的各类标准、规范、规程、办法等相关工程造价类、工程技术类文件进行编制，共分为房屋建筑工程、市政工程、城市轨道交通工程、房屋修缮工程四个专业，主要内容包括：总则、基本规定、范围、编制说明、附录。

《指南》由中国建设工程造价管理协会负责管理，委托北京市建设工程招标投标和造价管理协会组织编制。选取了工程造价咨询企业、建设单位、设计单位、施工单位及软件公司相关专业人员开展编制工作。在编制过程中难免有不妥之处，欢迎有关单位和人员提出宝贵意见，以便修订时及时补充和完善。意见和建议请寄送中国建设工程造价管理协会教育培训部（地址：北京市西城区百万庄大街22号2号楼7层；邮政编码：100037；联系电话：010-68335116）。

　　主编单位：中国建设工程造价管理协会

　　　　　　　北京市建设工程招标投标和造价管理协会

　　参编单位：北京求实工程管理有限公司

　　　　　　　北京京城招建设工程咨询有限公司

　　　　　　　北京筑标建设工程咨询有限公司

　　　　　　　捷宏润安工程顾问有限公司

　　　　　　　天宇中开工程咨询有限公司

　　　　　　　重庆恒正工程咨询有限公司

1

山西万方建设工程项目管理咨询有限公司
国泰新点软件股份有限公司
北京万兴建筑集团有限公司
北京城建一建设发展有限公司

编制人员：刘　维　付丽娜　于　敏　陈　静　丁　众　佟　坤　杨　薇
　　　　　翁　芳　蒋炎青　唐　棣　庞　蕾　李思源　陆仁虹　唐晓红
　　　　　侯永玲　张月玲　周　宇　金常忠　沈春霞　王　舜　罗晶晶
　　　　　朱玉箐　袁伯和　袁一鑫　连国柱　赵晨悦　李春冬　姚鑫磊
　　　　　杨　东　李婷婷　米继东　宗兆民　谢齐帅　刘　扬

主　　审：杨丽坤

审查人员：王中和　李成栋　林　萌　李仁友　沈维春　吴佐民　杨海欧
　　　　　刘大同　卢立明　朱　坚　张　超　王玉恒　金　强　于海志
　　　　　余晓花

目　次

工程造价指标分类及编制指南 ·· 1

  1　总则 ··· 3

  2　基本规定 ··· 4

  3　建设工程造价指标分类及编制 ·· 5

  本指南用词说明 ··· 7

  引用标准名录 ·· 8

附：条文说明 ·· 9

  编制说明 ··· 11

  1　总则 ··· 13

  2　基本规定 ··· 14

  3　建设工程造价指标分类及编制 ·· 16

附录 A　房屋建筑工程 ·· 21

  A.1　范围 ··· 23

  A.2　编制说明 ·· 24

  A.3　房屋建筑工程附录指引 ·· 28

  A.4　附表 ··· 31

    A-01　工程类别及编码表 ··· 31

    A-02　工程造价指标层级及编码表 ··· 35

    A-03　建设项目特征信息及参数表 ··· 64

    A-04　工程特征信息及参数表 ··· 67

    A-05　建设项目总投资指标表 ··· 121

    A-06　建设项目投资指标明细表 ·· 123

    A-07　工程经济指标表 ··· 124

    A-08　主要工程量指标表 ··· 149

    A-09　主要工料单价与消耗量指标表 ······································ 206

    A-10　单位工程工料价格指标表 ·· 207

    A-11　功能性（相关性）指标表 ·· 213

工程造价指标分类及编制指南

1 总　　则

1.1　为深化建筑业改革，实现建设工程造价指标数据的共享与利用，指导工程造价从业人员及机构对建设工程造价指标分类及编制，引导企业加强工程造价指标数据积累，提升工程造价管理和服务水平，特制定本《指南》。

1.2　本《指南》适用于房屋建筑工程、市政工程、城市轨道交通工程、房屋修缮工程的建设工程造价指标分类及编制。

1.3　本《指南》以建设工程为主线设置造价指标各层级对应关系，明确了总投资指标、工程经济指标、主要工程量指标、主要工料价格与消耗量指标、单位工程工料价格指标、功能性（相关性）指标的计算规则及计量单位。

1.4　本《指南》为行业从业人员及机构编制建设工程造价指标数据提供参考依据，且符合国家、行业、地区的现行有关标准的规定。

2 基 本 规 定

2.1 本《指南》适用于投资估算、设计概算、施工图预算、最高投标限价、合同价、工程结算、竣工决算等数据类型的指标编制。

2.2 本《指南》指标表包括：工程类别及编码表、工程造价指标层级及编码表、建设项目特征信息及参数表、工程特征信息及参数表、建设项目总投资指标表、建设项目投资指标明细表（或单项工程指标明细表）、工程经济指标表、主要工程量指标表、主要工料价格与消耗量指标表、单位工程工料价格指标表、功能性（相关性）指标表等。

2.3 工程造价数据按本《指南》的工程类别、工程造价指标层级划分内容进行数据收集和加工；通过填写建设项目特征信息及参数、工程特征信息及参数对项目情况进行描述及标识，并利用已填写参数作为指标计算的基础数据；参考本《指南》相关指标的划分内容、计算公式、计量单位，通过运算形成单位指标、造价占比等指标，计算得出各类指标结果。

2.4 计算精度应符合下列规定：

（1）金额、单价、合价、单位指标、相关单位指标等应保留小数点后两位，第三位小数四舍五入。

（2）以"t"为单位，应保留小数点后三位数字，第四位小数四舍五入；以"m""m^2""m^3""kg""km"等为单位，应保留小数点后两位数字，第三位小数四舍五入；以"个""件""根""组""系统""座""处"等为单位，应取整数。

（3）造价占比以"%"为单位，应保留小数点后两位，第三位小数四舍五入。

2.5 本《指南》主要为编制工程造价指标使用，相应工程造价指数的测算方法应执行《建设工程造价指标指数分类与测算标准》GB/T 51290—2018 的相关要求。

3 建设工程造价指标分类及编制

3.1 工程类别及编码

工程类别是对专业工程设置的子分类，明确分类内容、分类层级，每个工程类别应设置唯一编码。

3.2 工程造价指标层级及编码

工程造价指标层级是根据专业工程特点搭建的工程造价指标体系结构，展示每个造价指标之间的逻辑关系，并结合工程分类、专业分类、费用分类等多种分类因素设置不同的指标层级。

3.3 建设项目特征信息及参数和工程特征信息及参数

建设项目特征信息及参数是以建设项目为单位，对整个建设项目的基本信息及参数进行描述；工程特征信息及参数是以单项工程为单位，对单项工程的基本信息及参数、工程专业信息、计价信息进行描述。

3.4 建设项目总投资指标

建设项目总投资指标是以建设项目为单位计算的总金额、总指标，是建设项目的全部费用的指标。各类费用分别计算得出单位造价、造价占比并汇总。

3.5 建设项目投资指标明细（或单项工程指标汇总）

建设项目投资指标明细（或单项工程指标汇总）是由多个单位工程或多个层级子项逐项计算得出同层级的单位造价、造价占比，由多个单位工程或多个层级子项汇总成单项工程的单位造价、造价占比，由多个单项工程汇总成建设项目的单位造价、造价占比等。

3.6 工程经济指标

工程经济指标是按工程建筑面积、体积、长度、功能性单位或自然计量单位计算得出的全费用的单位指标、相关单位指标、造价占比等。

3.7 主要工程量指标

主要工程量指标是按工程建筑面积、体积、长度、功能性单位或自然计量单位计算得出的工程实体主要构件或要素的工程量、单位指标、相关单位指标等。

3.8 主要工料价格与消耗量指标

主要工料价格与消耗量指标是按工程建筑面积、体积、长度、功能性单位或自然计量单位计算得出的生产过程中消耗的工日用量、材料用量及对应单价、合价的单位指标、造价占比等。

3.9 单位工程工料价格指标

单位工程工料价格指标是按工程建筑面积、体积、长度或自然计量单位计算得出的人工费、材料费、施工机具使用费、设备费在同一个单位工程中的金额、单位指标、造价占比等。

3.10 功能性（相关性）指标

功能性（相关性）指标是反映特性的、影响造价数值较大的各类指标。

本指南用词说明

1 为便于在执行本规定条文时区别对待，对要求严格程度不同的用词说明如下：

（1）表示很严格，非这样做不可的用词：

正面词采用"必须"，反面词采用"严禁"；

（2）表示严格，在正常情况均应这样做的用词：

正面词采用"应"，反面词采用"不应"或"不得"；

（3）表示允许稍有选择，在条件许可时首先应这样做的用词：

正面词采用"宜"，反面词采用"不宜"；

（4）表示有选择，在一定条件下可以这样做的用词，采用"可"。

2 本规定中指明应按其他有关指南、规范执行的写法为"应符合……的规定"或"应按……执行"。

引用标准名录

《建设工程造价指标指数分类与测算标准》GB/T 51290—2018

《建设工程工程量清单计价规范》GB 50500—2013

《房屋建筑与装饰工程工程量计算规范》GB 50854—2013

《仿古建筑工程工程量计算规范》GB 50855—2013

《通用安装工程工程量计算规范》GB 50856—2013

《市政工程工程量计算规范》GB 50857—2013

《园林绿化工程工程量计算规范》GB 50858—2013

《矿山工程工程量计算规范》GB 50859—2013

《构筑物工程工程量计算规范》GB 50860—2013

《城市轨道交通工程工程量计算规范》GB 50861—2013

《爆破工程工程量计算规范》GB 50862—2013

《建设工程分类标准》GB/T 50841—2013

《工程造价术语标准》GB/T 50875—2013

《办公建筑设计标准》JGJ/T 67—2019

《建设工程造价技术经济指标采集标准》DB11/T 1711—2019

《建设工程造价指标编制标准》QB/ZJL 001—2018

中国建设工程造价管理协会

工程造价指标分类及编制指南

条 文 说 明

编 制 说 明

本《指南》编制过程中，编制组对房屋建筑工程、市政工程、城市轨道交通工程、房屋修缮工程的工程造价指标分类及编制指南与实际情况进行了调查研究，对全国各地区建设工程造价指标指数分类、指标的计算等共性、个性特点进行了广泛的调查研究。

为便于在使用本《指南》时能正确理解和执行条文规定，《工程造价指标分类及编制指南》编制组编制了本《指南》的条文说明，对条文规定的目的、依据以及执行中需要注意的有关事项进行了说明。但是，本条文说明不具备与《指南》正文同等效力，仅供使用人作为理解和把握《指南》规定的参考。

1 总　　则

1.1　本条说明了编制《指南》的目的，是为响应国家深化建筑业改革的各项要求、提升工程造价行业管理和服务水平而编制。

1.2　本条明确了《指南》的适用范围。

1.3　本条明确了《指南》各类指标表包含的内容，即各专业附录包含的主要内容。

1.4　本《指南》是编制工程造价指标的参考依据。

2 基 本 规 定

2.1 本条明确了《指南》适用于建设工程多个计价阶段的指标编制。

2.2 本条整体介绍《指南》包括的 11 张表，明确了各表发挥的独立作用及每张表格之间的关联关系。各指标表的分类及对应功能见《工程造价指标分类一览表》（表 1）。

表 1 工程造价指标分类一览表

指标表编号	列表名称	功能	说明
01	工程类别及编码表	规范类别名称，固定类别编码	如民用建筑固定编码 A010000
02	工程造价指标层级及编码表	规范指标层级，明确工程造价指标逻辑架构，固定层级编码	如建筑桩基础固定编码 A.1.0.1.0.1.0.1.1
03	建设项目特征信息及参数表	明确项目内容及类别、总体规模、计价阶段、投资模式等参数	用关键参数描述项目总体特征，类别参照表 01 的各级分类
04	工程特征信息及参数表	表达与造价指标强相关，影响单项工程功能特征的技术标准、工程规模等基本信息、突出单项工程特点的专业信息和计价信息等参数	单项工程划分参照表 02 的相关层级
05	建设项目总投资指标表	概述项目费用组成、全费用的单位造价指标及造价占比	表 02 第三层级以上的费用
06	建设项目投资指标明细表（单项工程造价指标汇总表）	细化建设项目或单项工程费用组成、全费用的单位造价指标及造价占比	细化表 05 的费用层级，可以细化至单位工程。如轨道工程表达表 02 第五层级以上
07	工程经济指标表	细化至分部分项工程的单位指标及造价占比	根据表 02 的层级划分，选择相适应的深度填写，可表达表 02 中最后一个层级
08	主要工程量指标表	细化至分部分项工程的主要工程量指标	与表 07 配合使用，以表达量与价的对应关系

指标表编号	列表名称	功能	说明
09	主要工料价格与消耗量指标表	细化构成分部分项工程的主要工料机价格和数量	为表07、表08的最底层的量与价来源，可根据工程实际自行填写
10	单位工程工料价格指标表	细化单位工程或分部分项工程单位指标的工料机及设备占比	辅助分析单价指标的工料机设备构成
11	功能性（相关性）指标表	表达功能性指标及总览综合指标的主要构成因素	如酒店床位造价指标或配筋率等

2.3 本条明确了数据收集和加工的规则及依据，工程特征信息及参数填写的作用，各类指标结果的形成。

2.4 本条明确了各类指标计算时，不同计量单位的有效位数及计算精度。

2.5 本条明确了工程造价指数测算的执行标准。

3 建设工程造价指标分类及编制

3.1 工程类别及编码

（1）工程子类别是根据专业工程的特点和常规分类而设置，不同专业工程的子类别的数量不同，房屋建筑工程设置三级分类，市政工程编码设置二级分类，城市轨道交通工程设置一级分类，房屋修缮工程设置三级分类。

（2）工程类别的编码是对不同的工程类别进行编码标识，编码由一位字母与六位阿拉伯数字组成。第一位字母为项目分类编码，第一位、第二位数字为工程类别的一级名称，第三位、第四位数字为工程类别的二级名称，第五位、第六位数字为工程类别的三级名称，没有对应级别的名称以"00"补位。

（3）项目分类编码的设置：房屋建筑与装饰工程编码为A，市政工程编码为B，城市轨道交通工程编码为C，房屋修缮工程编码为D。

3.2 工程造价指标层级及编码

（1）工程造价指标层级是对工程指标体系结构的展示与说明，是工程经济指标和主要工程量指标的架构基础。

（2）工程造价指标层级的设置是结合工程业态分类、专业分类、费用分类等多种分类因素及工程特点而设置不同的子项指标层级，对应的子项金额也是逐层汇总的，是从总级向分级分类、从分级向总级汇总的逻辑关系。

（3）工程造价指标层级编码是在同一个工程类别范围内对不同层级的内容进行编码标识，编码由一位字母与若干位阿拉伯数字组成，中间用间隔号"."对数字进行分隔。第一位字母为项目分类编码，若干位阿拉伯数字表示不同层级，数字越少层级越高，数字越多层级越低。

（4）工程造价指标层级及编码表中"对最后一个层级的说明"是对本层级应包含费用内容的说明。

3.3 建设项目特征信息及参数和工程特征信息及参数

（1）建设项目特征信息及参数，针对建设项目共性内容、通用内容进行描述，原则上只建立一次；工程特征信息及参数，针对单项工程或单位工程个性内容进行描述，可根据项目实际情况，多次重复建立。

（2）表中设置"单项选择""多项选择""填写"三种方式，可根据"说明"内容进行选择或填写，需要填写的内容以影响造价较大的主要内容填写即可。

（3）表中未列项内容，可选择"其他"对未列项的内容进行补充。

（4）表中画"★"为必填项；未画"★"为选填项，可根据项目实际情况进行选填。

（5）表中"地区"应符合我国县级及以上行政区划分要求，按现行国家标准《中华人民共和国行政区划代码》GB/T 2260 规定执行。

（6）表中"编制时间"应符合不同价格类型的时间，投资估算、设计概算、施工图预算、最高投标限价应采用成果文件要求的编制日期；合同价应采用成果文件编制日期或工程开工日期；工程结算、竣工决算应采用工程竣工日期。

3.4 建设项目总投资指标

（1）建设项目总投资指标是计算整个建设项目的总指标，房屋建筑、市政工程、房屋修缮参照《建设项目总投资费用项目组成》设置，城市轨道交通工程参照《城市轨道交通工程设计概算编制办法》（建标〔2017〕89 号文）设置。

（2）建设项目总投资指标表是工程造价指标层级中第三层级以上的金额。

（3）表中的数据均为全费用综合单价（包含规费）统计出的金额，为便于指标使用人的使用，相对应的增值税税率必须在建设项目特征信息及参数表中填写清楚。

3.5 建设项目投资指标明细（或单项工程指标汇总）

（1）建设项目投资指标明细（或单项工程指标汇总）是在建设项目总投资指标的基础上，结合专业工程特点进行的细化，从不同的层级计算金额及指标。

（2）不同工程类别设置的此表内容不同，房屋建筑工程按单项工程造价指标明细表、红线内室外工程造价指标明细表设置，市政工程按单项工程表设置，城市轨道交通工程按建设项目投资指标明细表设置，房屋修缮工程按单项工程指标明细表设置。

（3）本《指南》建立的是各专业工程的造价指标体系，实际操作可根据数据源情况进行分析和填写，数据源达到哪个层级造价指标可对应到哪个层级中，数据源达不到的细项层级可不填写。

例如：数据源可达到单位工程的层级，可填写对应单位工程的数据，计算的是单位工程的指标；数据源可达到单项工程的层级，可填写对应单项工程的数据，计算的是单项工程的指标。例如：一个建设项目没有具体细项数据源，只有一项总金额，也可以只填一笔金额。

3.6 工程经济指标

（1）工程经济指标是按全费用列项，全费用包含现执行的清单计价规范中的分部分项费、其他项目费、规费、税金等费用，措施费用可根据相关规定及数据源情况单独列项。如经济指标不含税，则应在参数表中予以标注并填写税率。全费用可通过配套的工程造价指标软件实现的数据录入、数据计算、数据分析、数据的拆分与组合等各种功能。

（2）各项金额、单位指标、相关单位指标对应当前同层级。

（3）相关指标中的数量是辅助计算相关经济指标的基数。

（4）每一层的造价组成可参考"工程造价指标层级及编码表"中"对最后一个层级的说明"的内容。

3.7 主要工程量指标

（1）各项工程量、单位指标、相关单位指标对应当前同层级。

（2）相关指标中的数量是为辅助计算相关工程量指标的基数。

3.8 主要工料价格与消耗量指标

（1）主要工料价格与消耗量指标可用于工料市场价格指数的测算及价格走势的分析。

（2）各项消耗量、单价、合价、相关单位指标、造价占比对应当前同层级。

（3）同类材料，规格型号及单价不同时，可增项。

3.9 单位工程工料价格指标

（1）单位工程工料价格指标是以单位工程为基础，其中人工费、材料费、施工机具使用费、设备费各项费用的金额、单位指标及占整个单位工程的造价比例，是对单位工程费用组成的辅助分析，从不同费用结构计算各项费用及指标。

（2）人工费、材料费、施工机具使用费、设备费的金额、单位指标、造价占比对应当前同层级。

（3）单位工程工料价格指标根据项目实际的工料情况列项。

3.10　功能性（相关性）指标

（1）功能性（相关性）指标是根据造价管理经验，总结常用的、具有工程特性的、影响造价数值较大的各类指标。不同工程类别，结合不同的专业特点设置，以功能性为口径计算、统计或与本工程相关性的指标内容。

（2）功能性（相关性）指标可根据不同主体的需求，灵活设置指标内容，可以是某一个经济指标或工程量指标，也可以是多项指标的综合指标。

附录 A 房屋建筑工程

A.1 范　围

A.1.1　本《指南》适用于房屋建筑工程各类指标编制，具体分为民用建筑（居住建筑、办公建筑、旅馆酒店建筑、商业建筑、文化建筑、教育建筑、体育建筑、卫生建筑、交通建筑、人防建筑、广播电视建筑、其他）；工业建筑（厂房、仓库、辅助附属设施）；构筑物（工业构筑物、民用构筑物、水工构筑物）。

A.1.2　建设项目中涉及多种工程类别的工程时可参考如下原则使用：

（1）各类建设项目中出现的办公楼、实验楼可参照"办公建筑"使用；

（2）教育建筑中的报告厅可参照文化建筑中的"文化宫"使用，图书馆可参照文化建筑中的"图书馆"使用，体育场馆可参照体育建筑中的对应场馆使用；

（3）同一单体工程包含多种工程类别的项目，可将涉及的各工程类别项目结合综合使用。

A.1.3　本《指南》未收录房屋建筑工程的全部工程类别，未收录内容将在后续版本中另行补充，本版本不包含的工程类别：

A.1.3.1　民用建筑：

（1）交通建筑：机场指挥塔、火车站、汽车站、港口码头服务用房、高速公路服务用房、交通枢纽；

（2）人防建筑；

（3）广播电视建筑。

A.1.3.2　构筑物。

A.2 编制说明

A.2.1 建设项目可能由多个不同工程分类的单项工程共同组成，不同单项工程的特征和指标分别使用附录中相对应的采集模板。

A.2.2 根据数据来源不同，可以是对整体建设项目的整理分析，也可以是对单项工程或单位工程进行整理分析，在各表的使用时只填写掌握数据和资料相对应的内容即可。如只有某项目的幕墙专业分包或是弱电系统专业分包数据，可以只填写专业分包涉及的项目特征信息和造价指标、主要工程量指标。

A.2.3 工程类别及编码表：

A.2.3.1 房屋建筑工程工程类别及编码表（A-01）是对房屋建筑工程的分类定义，便于对不同工程类别的项目信息和指标归类和整理，分类原则参考现行国家标准《建设工程分类标准》GB/T 50841—2013 的规定。

A.2.3.2 工程类别按三级设置，级别和编码示意如图 A.2.3.2 所示。

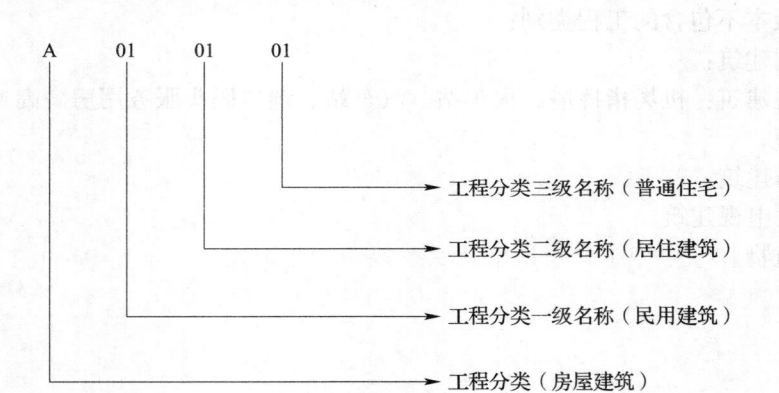

图 A.2.3.2　工程类别设置的级别和编码示意图

A.2.4 工程造价指标层级及编码表：

A.2.4.1 本表是对建设项目总投资的层层分解，二级和三级的分类和解释参照《建设项目总投资费用项目组成》。

A.2.4.2 "工程费用"中第四级将同一建设项目中的不同单项工程分别列项，红线内室外工程与各单项工程同级别列项。

A.2.4.3 "工程建设其他费用"和"预备费"的下一级分类和解释参照《建设项目总投资费用项目组成》。

A.2.4.4 房屋建筑工程不同工程分类的指标层级相同，考虑到各工程分类所涉及的功能区域名称都不相同，因此室内装饰工程中的列项仅为示意，不同工程分类根据各自情况进行增补列项。

A.2.4.5 考虑到数据源的详细程度不同，室内装饰工程将数据源无法或无必要区分区域的室内装饰工程造价统一计入"未区分区域的室内装饰工程"中。

A.2.4.6 考虑到各工程分类根据不同的使用需求，所涉及的建筑智能化工程和其他工程不尽相同，因此建筑智能化工程和其他工程中的列项仅为示意，不同工程分类根据各自情况进行增补列项。

A.2.4.7 基于对造价指标层层向上归集的原则，考虑到不同项目的使用需求和数据来源的不同情况，本《指南》未在第五级区分地上工程和地下工程。对于使用人需要独立区分地下工程和地上工程的情况，可根据需求自行拆解、组合。

A.2.4.8 多个地上单体工程共用同一个地下工程的情况，可将地下工程分别并入该单项工程的地下部分，原则上建筑和装饰工程按照地上单体工程的建筑面积进行分摊，机电安装工程按各地上单体的受益面积占比进行分摊，措施费和其他工程分摊原则按建筑装饰工程和机电安装工程的分摊原则综合考虑。

A.2.4.9 指标分析需要独立分析地下工程时，可作为一个独立的单项工程进行指标分析。

A.2.4.10 单项工程中包含"生产、运营期设备购置及安装费"，是指生产和运营期达到固定资产标准的设备、工器具及生产家具等所需的费用，该项不包括建设期的设备购置及安装费；新建工程中的"机电安装工程"是为满足项目使用功能，用于建设期的设备购置及安装费，即为房屋建筑及其附属工程服务的电气、采暖、通风空调、给水排水、通信及建筑智能化等设备，如配电柜、柴油发电机、锅炉、冷水机组、空调机组、风机、水泵、通信及建筑智能化主机等设备。

A.2.4.11 本工程造价指标层级的设置更多考虑的是指标归集的合理性，使用人可根据不同使用需求自行调整。

A.2.5 工程特征信息及参数表。

A.2.5.1 为简化本《指南》篇幅，将工程特征信息及参数表分为"建设项目特征信息及参数表"（表 A–03）、"单项工程特征信息及参数表（通用表）"（表 A–04–01）、"单项工程特征信息及参数表（工程分类表）"（表 A–04–02–××）、"红线内室外工程特征信息及参数表"（表 A–04–03）四类表格，使用人可根据数据源情况及使用需求填写。

A.2.5.2 本表中的内容均为对房屋建筑工程造价影响较大的特征信息，对于有影响但不大或填报内容过于复杂但对指标应用时影响不大的特征信息不在本表内体现。

A.2.5.3 "建设项目特征信息及参数表"（表 A–03）中涉及的内容主要是以建设项目为单位的整体项目信息，以及建设项目中各单项工程的共同特征。

A.2.5.4 "建设项目特征信息及参数表"（表 A–03）中的"税率"以总承包工程的税率为准，体现的是项目的税率水平，如出现建设项目多次调整税率的情况，可在"税率补充说明"中进行说明。

A.2.5.5 使用时，需根据工程类别将"单项工程特征信息及参数表（通用表）"（表 A–04–01）与"单项工程特征信息及参数表（工程分类表）"（表 A–04–02–××）共同使用。

A.2.5.6 "单项工程特征信息及参数表（通用表）"（表 A–04–01）中，对于装饰工程中主要功能房间做法，体现的是该项目的精装修档次，只选取主要功能区域的装修做法面层进行填写，选择该区域面层工程量占比在 30% 以上的做法。

A.2.5.7 建设项目由多个单项工程组成时，不同工程类别单项工程的特征信息根据"单项工程特征信息及参数表（工程分类表）"（表 A–04–02–××）对应的工程类别选择使用；同一工程类别中的不同单项工程均要分别填写"单项工程项目特征信息表"。

A.2.5.8 "单项工程特征信息及参数表（工程分类表）"（表 A–04–02–××）中的面积数量

均为各自区域地面面层铺装面积。

A.2.6 工程经济指标表。

A.2.6.1 房建工程的工程经济指标表分为"建设项目总投资指标表"（表 A-05）、"单项工程造价指标汇总表"（表 A-06）、"单项工程造价指标明细表"（表 A-07-01）、"红线内室外工程造价指标明细表"（表 A-07-02）、"建设工程其他费用和预备费经济指标表"（表 A-07-03）。

A.2.6.2 同工程造价指标层级说明，不同工程类别的室内装饰工程、建筑智能化工程、其他工程根据各工程实际情况进行增补列项。

A.2.6.3 表中所有归集出工程造价的指标层级均应填写"单位指标"，房屋建筑工程的"单位指标"单位均为"元 /m²"。

A.2.6.4 在指标实际使用中可直接采用"单位指标"（总建面单方造价）时，"相关指标"未做"相关基数"的描述，可不用再分析。

A.2.6.5 地基处理工程按照地基处理方式进行了区分，使用人可根据项目采用的地基处理方式将数据归集到对应的科目中。其相关指标的计算方式未做约定，使用人可根据各自使用指标的习惯自行定义，如相关基数采用地下室建筑面积、总建筑面积、基底面积、地基处理区域面积等。

A.2.6.6 考虑到通用性，本附录对于指标层级的深度未做过细的划分，使用人可根据各自的使用需求在此层级上再次进行拆分，如具备条件的可将混凝土工程和钢筋工程根据混凝土不同部位（基础、墙、梁、板、柱等，或区分各楼层）进行拆分统计。

A.2.6.7 本《指南》项目措施费包含在单项工程中，统一将措施费独立于单位工程之外，措施费中列项仅为常用措施费示意，使用人可根据实际需求进行补充和调整。自行使用时，如需将措施费分摊到相对应单位工程时，可自行调整，如模板及支架工程放入对应结构工程中。

A.2.6.8 如数据源中的措施费是按照单项工程或单位工程进行编制的，在"措施费"相对应措施工程中进行归集；如数据源中的措施费是按照建设项目进行编制的，即明细中无法按照单项工程进行区分，措施费根据实际计算原则和措施所针对的单项工程具体情况分摊到每个单项工程中。

A.2.6.9 建设项目由多个单项工程组成时，每个单项工程均要分别填写"单项工程项目经济指标表"。

A.2.6.10 "单项工程经济指标明细表（通用表）"（表 A-07-01）地上工程中的门窗工程不含依附于外墙的外门窗部分，此部分内容在装饰工程外立面幕墙工程内考虑。

A.2.7 主要工程量指标表。

A.2.7.1 房建工程考虑到不同工程分类所关注的工程量指标有所区别，将主要工程量指标表区分为"单项工程主要工程量指标表（通用表）"（表 A-08-01）、各分类"单工程主要工程量指标表（工程分类表）"（表 A-08-02-××）、"红线内室外工程主要工程量指标表"（表 A-08-03）三类表格。

A.2.7.2 "单项工程主要工程量指标表（通用表）"（表 A-08-01）按照指标层级进行列项，其中只体现需要分析的主要工程量指标，指标使用中不采用的工程量指标未做列项。

A.2.7.3 在指标实际使用中可直接采用"单位指标"（总建面单方造价）时，"相关指标"

未做"相关基数"的描述，可不用再分析。

A.2.7.4 本表中的工程量未做特殊说明的，其计算规则参照国标清单中的工程量计算规则。

A.2.7.5 "单工程主要工程量指标表（工程分类表）"（表 A–08–02–××）根据各自关注的特有工程量指标进行列项，其中涉及装修工程的工程量为该区域地面铺装面层面积。

A.2.7.6 "停车楼"主要工程量指标只参照"单项工程主要工程量指标表（通用表）"（表 A–08–01）即可。

A.2.8 功能性（相关性）指标表。本表为示意表，根据不同工程类别所关注的功能性特征，以功能性特征参数替代建筑面积作为指标计算基数。

A.2.9 房屋建筑工程各项指标编制，可参考附录 A 房屋建筑工程。

A.3 房屋建筑工程附录指引

表 A.3 房屋建筑工程附录指引表

编 号	名 称	说 明
A-01	工程类别及编码表	工程分类及编码表
A-02	工程造价指标层级及编码表	建设项目总投资指标体系及编码表
A-03	建设项目特征信息及参数表	建设项目总体特征表
A-04	工程特征信息及参数表	单项工程特征表
A-04-01	单项工程特征信息及参数表（通用表）	单项工程特征通用表
A-04-02	单项工程特征信息及参数表（工程分类表）	各工程分类单项工程特征专用表
A-04-02-01	单项工程特征信息及参数表（民用建筑）	
A-04-02-01-01	单项工程特征信息及参数表（居住建筑）	
A-04-02-01-02	单项工程特征信息及参数表（办公建筑）	
A-04-02-01-03	单项工程特征信息及参数表（旅馆酒店建筑）	
A-04-02-01-04	单项工程特征信息及参数表（商业建筑）	
A-04-02-01-05	单项工程特征信息及参数表（文化建筑）	
A-04-02-01-05-01	单项工程特征信息及参数表（露天剧场）	
A-04-02-01-05-02	单项工程特征信息及参数表（展览馆）	
A-04-02-01-05-03	单项工程特征信息及参数表（图书馆）	
A-04-02-01-05-04	单项工程特征信息及参数表（档案馆）	
A-04-02-01-05-05	单项工程特征信息及参数表（博物馆）	
A-04-02-01-05-06	单项工程特征信息及参数表（文化宫）	
A-04-02-01-05-07	单项工程特征信息及参数表（电影院）	
A-04-02-01-06	单项工程特征信息及参数表（教育建筑）	
A-04-02-01-06-01	单项工程特征信息及参数表（教学楼）	
A-04-02-01-06-02	单项工程特征信息及参数表（幼儿园综合楼）	
A-04-02-01-07	单项工程特征信息及参数表（体育建筑）	
A-04-02-01-07-01	单项工程特征信息及参数表（体育馆）	

编　号	名　称	说　明
A-04-02-01-07-02	单项工程特征信息及参数表（体育场）	
A-04-02-01-07-03	单项工程特征信息及参数表［游泳馆（场）］	
A-04-02-01-08	单项工程特征信息及参数表（卫生建筑）	
A-04-02-01-09	单项工程特征信息及参数表（交通建筑）	
A-04-02-01-09-01	单项工程特征信息及参数表（机场航站楼）	
A-04-02-01-09-02	单项工程特征信息及参数表（停车楼）	
A-04-02-02	单项工程特征信息及参数表（工业建筑）	
A-04-02-02-01	单项工程特征信息及参数表（厂房）	
A-04-02-02-02	单项工程特征信息及参数表（仓库）	
A-04-03	红线内室外工程特征信息及参数表	红线内室外工程特征表
A-05	建设项目总投资指标表	建设项目总投资汇总表
A-06	建设项目投资指标明细表	单项工程造价指标汇总表
A-07	单项工程经济指标表	单项工程造价指标表
A-07-01	单项工程造价指标明细表（通用表）	单项工程造价指标明细表
A-07-02	红线内室外工程工程造价指标明细表	红线内室外工程工程造价指标明细表
A-07-03	建设工程其他费用和预备费经济指标表	建设工程其他费用和预备费指标明细表
A-08	主要工程量指标表	主要工程量指标表
A-08-01	单项工程主要工程量指标表（通用表）	单项工程主要工程量指标表
A-08-02	单项工程主要工程量指标表（工程分类表）	各工程分类单项工程主要工程量指标表
A-08-02-01	单项工程主要工程量指标表（民用建筑）	
A-08-02-01-01	单项工程主要工程量指标表（居住建筑）	
A-08-02-01-02	单项工程主要工程量指标表（办公建筑）	
A-08-02-01-03	单项工程主要工程量指标表（旅馆酒店建筑）	
A-08-02-01-04	单项工程主要工程量指标表（商业建筑）	
A-08-02-01-05	单项工程主要工程量指标表（文化建筑）	
A-08-02-01-05-01	单项工程主要工程量指标表（露天剧场）	

编　号	名　称	说　明
A-08-02-01-05-02	单项工程主要工程量指标表（展览馆）	
A-08-02-01-05-03	单项工程主要工程量指标表（图书馆）	
A-08-02-01-05-04	单项工程主要工程量指标表（档案馆）	
A-08-02-01-05-05	单项工程主要工程量指标表（博物馆）	
A-08-02-01-05-06	单项工程主要工程量指标表（文化宫）	
A-08-02-01-05-07	单项工程主要工程量指标表（电影院）	
A-08-02-01-06	单项工程主要工程量指标表（教育建筑）	
A-08-02-01-06-01	单项工程主要工程量指标表（教学楼）	
A-08-02-01-06-02	单项工程主要工程量指标表（幼儿园综合楼）	
A-08-02-01-07	单项工程主要工程量指标表（体育建筑）	
A-08-02-01-07-01	单项工程主要工程量指标表（体育馆）	
A-08-02-01-07-02	单项工程主要工程量指标表（体育场）	
A-08-02-01-07-03	单项工程主要工程量指标表［游泳馆（场）］	
A-08-02-01-08	单项工程主要工程量指标表（卫生建筑）	
A-08-02-01-09	单项工程主要工程量指标表（交通建筑）	
A-08-02-01-09-01	单项工程主要工程量指标表（机场航站楼）	
A-08-02-02	单项工程主要工程量指标表（工业建筑）	
A-08-02-02-01	单项工程主要工程量指标表（厂房）	
A-08-02-02-02	单项工程主要工程量指标表（仓库）	
A-08-03	单项工程主要工程量指标表（红线内室外工程）	红线内室外工程主要工程量指标表
A-09	主要工料单价与消耗量指标表	费用科目主要工料单价与消耗量示意表
A-10	单位工程工料价格指标表	单位工程工料价格指标分析表
A-10-01	单位工程工料价格指标表（通用表）	单项工程中各单位工程工料价格指标分析表
A-10-02	红线内室外工程工料价格指标表	红线内室外工程工料价格指标分析表
A-11	功能性指标表	功能性指标示意表

A.4 附 表

A-01 工程类别及编码表（表 A-01）

表 A-01 工程类别及编码表

编码	项目分类		
	一级	二级	三级
A010000	民用建筑		
A010100		居住建筑	
A010101			普通住宅
A010102			住宅（含底商）
A010103			别墅
A010104			公寓
A010105			集体宿舍
……			……
A010200		办公建筑	
A010201			行政办公楼
A010202			写字楼
A010203			实验楼
……			……
A010300		旅馆酒店建筑	
A010301			宾馆
A010302			饭店
A010303			招待所
A010304			……
A010400		商业建筑	
A010401			综合商厦
A010402			会展中心
A010403			超市

编码	项目分类		
	一级	二级	三级
A010404			专业商店
……			……
A010500		文化建筑	
A010501			露天剧场
A010502			剧院
A010503			展览馆
A010504			图书馆
A010505			纪念馆
A010506			档案馆
A010507			博物馆
A010508			文化宫
A010509			电影院
……			……
A010600		教育建筑	
A010601			教学楼
A010602			实验楼
A010603			报告厅
A010604			幼儿园综合楼
……			……
A010700		体育建筑	
A010701			体育馆
A010702			体育场
A010703			游泳馆
……			……
A010800		卫生建筑	
A010801			住院楼
A010802			医技楼
A010803			门诊楼

编码	项目分类		
	一级	二级	三级
A010804			保健站
A010805			卫生所
A010806			殡仪馆
……			……
A010900		交通建筑	
A010901			机场航站楼
A010902			机场指挥塔
A010903			火车站
A010904			汽车站
A010905			港口码头服务用房
A010906			高速公路服务用房
A010907			交通枢纽
A010908			停车楼
……			……
A011000		人防建筑	
A011100		广播电视建筑	
A011200		其他	
A020000	工业建筑		
A020100		厂房	
A020101			工业厂房
A020102			机房
……			……
A020200		仓库	
A020201			通用仓库
A020202			专用仓库
A020203			特种仓库
……			……

编码	项目分类		
	一级	二级	三级
A020300		辅助附属设施	
A030000	构筑物		
A030100		工业构筑物	
A030101			冷却塔
A030102			观测塔
A030103			烟囱
A030104			烟道
A030105			井架
A030106			井塔
A030107			筒仓
A030108			栈桥
A030109			架空索道
A030110			装卸平台
A030111			槽仓
A030112			地道
……			……
A030200		民用构筑物	
A030201			电视塔（信号发射塔）
A030202			纪念塔（碑）
A030203			广告牌（塔）
……			……
A030300		水工构筑物	
A030301			沟
A030302			池
A030303			沉井
……			……

A-02 工程造价指标层级及编码表（表 A-02）

表 A-02　工程造价指标层级及编码表

编码	一级	二级	三级	四级	五级	六级	七级	八级	对最后一个层级的说明
A.1	建设项目总投资								
A.1.1		工程造价							
A.1.1.1			工程费用						
A.1.1.1.1				单项工程 1					1. 此层级可下设多个主体工程，如：办公楼 A、办公楼 B； 2. 措施费包含在单项工程中
A.1.1.1.1.1					建筑工程				
A.1.1.1.1.1.1						土石方、地基与桩基础工程			
A.1.1.1.1.1.1.1							地基与桩基础工程		
A.1.1.1.1.1.1.1.1								桩基础	包括：预制桩、灌注桩等
A.1.1.1.1.1.1.1.2								换填地基	包括：砂石级配等换填
A.1.1.1.1.1.1.1.3								振密地基	包括：强夯地基、振冲密实等
A.1.1.1.1.1.1.1.4								注浆地基	

表 A-02（续）

编码	一级	二级	三级	四级	五级	六级	七级	八级	对最后一个层级的说明
A.1.1.1.1.1.1.1.5								其他地基处理工程费用	包括：上述地基处理方法外的其他地基处理工程费用
A.1.1.1.1.1.1.2							土石方工程		
A.1.1.1.1.1.1.2.1							挖运土石方工程		包括：挖运土方、石方爆破、挖运石方、挖运淤泥、流沙、余方弃置
A.1.1.1.1.1.1.2.2							填方工程		包括：填方工程
A.1.1.1.1.1.1.3							边坡支护工程		包括：地下连续墙、护坡桩、深层水泥土搅拌桩、粉喷桩、高压喷射注浆桩、旋喷桩、土钉墙、钢筋混凝土支撑、止水帷幕
A.1.1.1.1.1.1.4							土石方工程其他费用		包括：上述外的其他内容
A.1.1.1.1.1.2							结构工程		
A.1.1.1.1.1.2.1							地下结构工程		
A.1.1.1.1.1.2.1.1								地下砌筑工程	包括：砖砌体、砌块砌体、其他
A.1.1.1.1.1.2.1.2								地下钢筋工程	包括：结构普通钢筋、预应力钢筋及锚（索）具、二次结构钢筋

36

编码	一级	二级	三级	四级	五级	六级	七级	八级	对最后一个层级的说明
A.1.1.1.1.1.2.1.3								地下现浇混凝土工程	包括：普通混凝土工程、预应力混凝土、二次结构混凝土
A.1.1.1.1.1.2.1.4								地下金属结构工程	包括：钢柱、钢梁、钢板、钢桁架、钢支撑、钢楼梯与钢平台、预埋件、其他金属构件
A.1.1.1.1.1.2.1.5								地下预制混凝土工程	包括：预制混凝土柱、预制混凝土内（外）墙、预制混凝土梁、预制混凝土板、预制混凝土楼梯、预制混凝土其他构件
A.1.1.1.1.1.2.1.6								地下结构其他工程	包括：上述外的其他内容
A.1.1.1.1.1.2.2							地上结构工程		
A.1.1.1.1.1.2.2.1								地上砌筑工程	包括：砖砌体、砌块砌体、其他
A.1.1.1.1.1.2.2.2								地上钢筋工程	包括：结构普通钢筋、预应力钢筋及锚（索）具、预应力梁钢筋、预应力板钢筋、二次结构钢筋

表 A–02（续）

编码	一级	二级	三级	四级	五级	六级	七级	八级	对最后一个层级的说明
A.1.1.1.1.1.2.2.3								地上现浇混凝土工程	包括：普通混凝土工程、预应力混凝土、二次结构混凝土
A.1.1.1.1.1.2.2.4								地上金属结构工程	包括：钢柱、钢梁、钢板、钢桁架、钢支撑、钢楼梯与钢平台、预埋件、其他金属构件
A.1.1.1.1.1.2.2.5								地上预制混凝土工程	包括：预制混凝土柱、预制混凝土内（外）墙、预制混凝土梁、预制混凝土板、预制混凝土楼梯、预制混凝土其他构件
A.1.1.1.1.1.2.2.6								地上结构其他工程	包括：上述外的其他内容
A.1.1.1.1.1.3							防水工程		
A.1.1.1.1.1.3.1								地下防水及防潮工程	包括：基础及地下外墙防水及防潮、覆土顶板防水及防潮、室内防水、防水保护层
A.1.1.1.1.1.3.2								地上防水及防潮工程	包括：屋面防水及防潮、室内防水、防水保护层

编码	一级	二级	三级	四级	五级	六级	七级	八级	对最后一个层级的说明
A.1.1.1.1.1.4						保温工程			
A.1.1.1.1.1.4.1							地下保温工程		包括：室外保温、室内保温
A.1.1.1.1.1.4.2							地上保温工程		包括：室外保温、室内保温、屋面保温
A.1.1.1.1.1.5						屋面工程（不含防水保温）			
A.1.1.1.1.1.5.1							地下屋面工程		
A.1.1.1.1.1.5.1.1								地下屋面构造工程	指人防出入口及汽车坡道出入口处屋面木结构、钢木混合结构、非混凝土造型等
A.1.1.1.1.1.5.1.2								地下屋面铺装工程	指人防出入口及汽车坡道出入口处屋面以上所有工程
A.1.1.1.1.1.5.1.3								地下屋面其他工程	指人防出入口及汽车坡道出入口处屋面排水管等
A.1.1.1.1.1.5.2							地上屋面工程		
A.1.1.1.1.1.5.2.1								地上屋面构造工程	包括：木结构、钢木混合结构、非混凝土造型等

编码	一级	二级	三级	四级	五级	六级	七级	八级	对最后一个层级的说明
A.1.1.1.1.1.5.2.2								地上屋面铺装工程	包括：屋面以上所有工程
A.1.1.1.1.1.5.2.3								地上屋面其他工程	包括：屋面排水管等
A.1.1.1.1.1.6							门窗工程		
A.1.1.1.1.1.6.1							地下门窗工程		
A.1.1.1.1.1.6.1.1								地下防火门窗	包括：防火门、防火窗、防火卷帘、挡烟垂壁、门窗套、五金、后塞口等
A.1.1.1.1.1.6.1.2								地下普通门窗	包括：普通门、普通窗、门窗套、五金、后塞口等
A.1.1.1.1.1.6.1.3								地下特殊门窗	包括：旋转门或电动感应门、地弹门、其他门、门窗套、五金、后塞口等
A.1.1.1.1.1.6.1.4								地下人防门	人防门及相关子目
A.1.1.1.1.1.6.1.5								地下特种门	特种门、金属格栅门、防护铁丝门、全钢板大门、钢质花饰大门、门窗套、五金、后塞口等

编码	一级	二级	三级	四级	五级	六级	七级	八级	对最后一个层级的说明
A.1.1.1.1.1.6.2							地上门窗工程		不包括：精装区域内的门窗、依附于外墙的门窗和外幕墙中的门窗工程
A.1.1.1.1.1.6.2.1								地上防火门窗	包括：防火门、防火窗、防火卷帘、挡烟垂壁、门窗套、五金、后塞口等
A.1.1.1.1.1.6.2.2								地上普通门窗	包括：普通内门、普通内窗、门窗套、五金、后塞口等
A.1.1.1.1.1.6.2.3								地上特殊门窗	包括：旋转门或电动感应门、地弹门、其他门、门窗套、五金、后塞口等
A.1.1.1.1.1.6.2.4								地上特种门	包括：特种门、金属格栅门、防护铁丝门、全钢板大门、钢质花饰大门、门窗套、五金、后塞口等
A.1.1.1.1.2					装饰工程				
A.1.1.1.1.2.1						外立面工程			
A.1.1.1.1.2.1.1							外立面饰面工程		

41

编码	一级	二级	三级	四级	五级	六级	七级	八级	对最后一个层级的说明
A.1.1.1.1.2.1.1.1								外立面涂料	
A.1.1.1.1.2.1.1.2								外立面墙砖	
A.1.1.1.1.2.1.1.3								外立面装饰板	
A.1.1.1.1.2.1.2							外立面幕墙及门窗工程		
A.1.1.1.1.2.1.2.1								玻璃幕墙	包括：玻璃幕墙所有内容
A.1.1.1.1.2.1.2.2								石材幕墙	包括：石材幕墙所有内容
A.1.1.1.1.2.1.2.3								金属幕墙	包括：金属幕墙所有内容
A.1.1.1.1.2.1.2.4								采光中庭	包括：采光顶、钢骨架、包封等
A.1.1.1.1.2.1.2.5								雨篷及门廊	包括：雨篷、门廊、钢骨架、包封等
A.1.1.1.1.2.1.2.6								外门窗	包括：地上外门窗
A.1.1.1.1.2.1.2.7								其他	包括：上述外的其他内容
A.1.1.1.1.2.2							室内装饰工程		根据不同工程类别涉及的主要功能区域进行列项，如办公建筑的大堂、办公区、共享区等

编码	一级	二级	三级	四级	五级	六级	七级	八级	对最后一个层级的说明
A.1.1.1.1.2.2.1							未区分区域的室内装饰工程		包括：楼地面、墙柱面、天棚、门及门套等工程、窗及窗套等工程、栏杆工程、其他装饰、电气工程、洁具（如有）
A.1.1.1.1.2.2.2							功能区域1		包括：楼地面、墙柱面、天棚、门及门套等工程、窗及窗套等工程、栏杆工程、其他装饰、电气工程、洁具（如有）
A.1.1.1.1.2.2.3							功能区域2		包括：楼地面、墙柱面、天棚、门及门套等工程、窗及窗套等工程、栏杆工程、其他装饰、电气工程、洁具（如有）
A.1.1.1.1.2.2.4							功能区域3		包括：楼地面、墙柱面、天棚、门及门套等工程、窗及窗套等工程、栏杆工程、其他装饰、电气工程、洁具（如有）

编码	一级	二级	三级	四级	五级	六级	七级	八级	对最后一个层级的说明
A.1.1.1.1.2.2.5							……		包括：楼地面、墙柱面、天棚、门及门套等工程、窗及窗套等工程、栏杆工程、其他装饰、电气工程、洁具（如有）
A.1.1.1.1.3					机电安装工程				
A.1.1.1.1.3.1						电气工程			
A.1.1.1.1.3.1.1							电气动力工程		包括： 1. 线路工程：配管、配线（缆）、母线、桥架、金属软管的敷设、接线箱（盒）供应及安装以及桥架盖板、隔板、支吊架、防火堵洞、剔槽、刷漆、铜端子、电缆头等工作内容； 2. 动力工程：低压系统的配电箱柜、配电柜基础、接线箱、木套箱、配电箱柜调试； 3. 其他：电机、电铃、信号装置、小型变压器等非照明末端的供应、安装及调试

44

编码	一级	二级	三级	四级	五级	六级	七级	八级	对最后一个层级的说明
A.1.1.1.1.3.1.2							电气照明工程		包括：灯具、灯具配件、吊扇、花灯及吊扇的吊钩、开关、插座的供应及安装
A.1.1.1.1.3.1.3							变配电工程		包括：变配电室内，低压柜下口以前的内容，包含系试
A.1.1.1.1.3.1.4							应急发电工程		包括：变配电系统的发电机本体、控制箱柜的供应、安装及调试
A.1.1.1.1.3.1.5							防雷接地工程		包括：所有防雷接地工程
A.1.1.1.1.3.2						电梯工程			包括：电梯的供应及安装、调试
A.1.1.1.1.3.3						建筑智能及通信工程			建筑智能化包含从中控室引至室外的智能化系统
A.1.1.1.1.3.3.1							弱电预留预埋		包括：弱电系统暗配管的敷设、接线箱（盒）安装
A.1.1.1.1.3.3.2							建筑智能控制系统		包括：该系统的设备、配线、明配管、桥架的供应及安装，以及支吊架、刷漆、调试等内容

编码	一级	二级	三级	四级	五级	六级	七级	八级	对最后一个层级的说明
A.1.1.1.1.3.3.3							电话和网络系统		包括：该系统的设备、配线、明配管、桥架的供应及安装，以及支吊架、刷漆、调试等内容
A.1.1.1.1.3.3.4							视频监控系统		包括：该系统的设备、配线、明配管、桥架的供应及安装，以及支吊架、刷漆、调试等内容
A.1.1.1.1.3.3.5							门禁管理系统		包括：该系统的设备、配线、明配管、桥架的供应及安装，以及支吊架、刷漆、调试等内容
A.1.1.1.1.3.3.6							访客管理系统		包括：该系统的设备、配线、明配管、桥架的供应及安装，以及支吊架、刷漆、调试等内容
A.1.1.1.1.3.3.7							巡更管理系统		包括：该系统的设备、配线、明配管、桥架的供应及安装，以及支吊架、刷漆、调试等内容

编码	一级	二级	三级	四级	五级	六级	七级	八级	对最后一个层级的说明
A.1.1.1.1.3.3.8							无线对讲系统		包括：该系统的设备、配线、明配管、桥架的供应及安装，以及支吊架、刷漆、调试等内容
A.1.1.1.1.3.3.9							残卫报警系统		包括：该系统的设备、配线、明配管、桥架的供应及安装，以及支吊架、刷漆、调试等内容
A.1.1.1.1.3.3.10							视频展示系统		包括：该系统的设备、配线、明配管、桥架的供应及安装，以及支吊架、刷漆、调试等内容
A.1.1.1.1.3.3.11							背景音乐系统		包括：该系统的设备、配线、明配管、桥架的供应及安装，以及支吊架、刷漆、调试等内容
A.1.1.1.1.3.3.12							能源管理系统		包括：该系统的设备、配线、明配管、桥架的供应及安装，以及支吊架、刷漆、调试等内容

编码	一级	二级	三级	四级	五级	六级	七级	八级	对最后一个层级的说明
A.1.1.1.1.3.3.13							电梯五方对讲系统		包括：该系统的设备、配线、明配管、桥架的供应及安装，以及支吊架、刷漆、调试等内容
A.1.1.1.1.3.3.14							弱电备用电源		包括：该系统的设备、配线、明配管、桥架的供应及安装，以及支吊架、刷漆、调试等内容
A.1.1.1.1.3.3.15							网络机房环境监控系统		包括：该系统的设备、配线、明配管、桥架的供应及安装，以及支吊架、刷漆、调试等内容
A.1.1.1.1.3.3.16							停车场管理系统		包括：该系统的设备、配线、明配管、桥架的供应及安装，以及支吊架、刷漆、调试等内容
A.1.1.1.1.3.3.17							会议音视频系统		包括：该系统的设备、配线、明配管、桥架的供应及安装，以及支吊架、刷漆、调试等内容
A.1.1.1.1.3.3.*N*							……		如上面所列系统没有，可自行增加

编码	一级	二级	三级	四级	五级	六级	七级	八级	对最后一个层级的说明
A.1.1.1.1.3.4							给水排水工程		
A.1.1.1.1.3.4.1							给水工程		包括：水泵、水管、阀门、保温、支架等
A.1.1.1.1.3.4.2							中水工程		包括：水泵、水管、阀门、保温、支架等
A.1.1.1.1.3.4.3							热水工程		包括：厨宝、水管、阀门、保温、支架等
A.1.1.1.1.3.4.4							直饮水工程		包括：设备、水管、阀门、保温、支架等
A.1.1.1.1.3.4.5							排水工程		包括：洁具、水管、保温、支架等
A.1.1.1.1.3.4.6							雨水工程		包括：雨水斗、水管、保温、支架等
A.1.1.1.1.3.4.7							压力排水工程		包括：潜污泵、水管、阀门、支架等
A.1.1.1.1.3.5							消防工程		
A.1.1.1.1.3.5.1							喷淋工程		包括：水泵、水管、阀门、喷头、保温、支架等
A.1.1.1.1.3.5.2							消火栓工程		包括：水泵、水管、阀门、消火栓、保温、支架等

编码	一级	二级	三级	四级	五级	六级	七级	八级	对最后一个层级的说明
A.1.1.1.1.3.5.3							气体灭火工程		包括：钢瓶、管道、阀门、喷头、支架等
A.1.1.1.1.3.5.4							泡沫灭火工程		包括：设备、管道等
A.1.1.1.1.3.5.5							消防预留预埋		包括：消防电气系统暗配管的敷设、接线箱（盒）安装，消防水套管
A.1.1.1.1.3.5.6							火灾自动报警系统		包括：消防电气所有子系统，如消防设备电源监控、防火门监控等；火灾自动报警系统的设备、配线、明配管、桥架的供应及安装，以及支吊架、刷漆、调试等工作内容
A.1.1.1.1.3.6						采暖工程			
A.1.1.1.1.3.6.1							散热器采暖工程		包括：散热器、管道、阀门、保温、支架等
A.1.1.1.1.3.6.2							地板采暖工程		包括：垫层、管道、阀门、保温、支架等
A.1.1.1.1.3.7						通风空调工程			

编码	一级	二级	三级	四级	五级	六级	七级	八级	对最后一个层级的说明
A.1.1.1.1.3.7.1							空调风工程		包括：设备、风管、阀门、风口、保温、支架等
A.1.1.1.1.3.7.2							空调水工程		包括：水泵、水管、阀门、保温、支架等
A.1.1.1.1.3.7.3							送排风工程		包括：风机、风管、阀门、风口、保温、支架等
A.1.1.1.1.3.7.4							防排烟工程（含排烟、加压、消防补风）		包括：风机、风管、阀门、风口、保温、支架等
A.1.1.1.1.3.7.5							排油烟工程		包括：风机、风管、阀门、保温、支架等
A.1.1.1.1.3.7.6							空调水预留预埋		包括：空调水套管预留预埋
A.1.1.1.1.3.8						燃气工程			包括：灶具、管道、阀门等
A.1.1.1.1.4					其他工程				非本工程类别中一定会涉及的专业工程，以下为举例
A.1.1.1.1.4.1							泛光照明工程		包括：灯具、线缆、配管、桥架线槽、接线箱盒、控制箱的供应及安装，以及支吊架、刷漆、调试等工作内容

编码	一级	二级	三级	四级	五级	六级	七级	八级	对最后一个层级的说明
A.1.1.1.1.4.2						标志标线			包括：标志标线所有内容
A.1.1.1.1.4.3						停车场充电桩系统			包括：充电桩本体安装、配线缆、配管、桥架、配电箱等
A.1.1.1.1.4.4						擦窗机			包括：擦窗机所有内容
A.1.1.1.1.4.5						地源热泵工程			包括钻孔、管道、土方等
A.1.1.1.1.4.N						……			包括：以上内容不包含，且单独发包的项目
A.1.1.1.1.5					生产、运营期设备购置及安装费				包括：达到固定资产标准的设备、工器具及生产家具等所需的费用
A.1.1.1.2				单项工程2					同单项工程1内层级
A.1.1.1.N				红线内室外工程					
A.1.1.1.N.1					室外电力工程				
A.1.1.1.N.1.1						室外变配电工程			包括：变配电室进户以前的室外的开闭站、各种类型的变压器、配电箱柜等设备的供应及安装，以及基础支架、挖填土、调试等工作内容

52

编码	一级	二级	三级	四级	五级	六级	七级	八级	对最后一个层级的说明
A.1.1.1.*N*.1.2						室外线路工程			包括：室外线缆、配管的敷设及高压电缆调试、终端头、铜端子等工作内容
A.1.1.1.*N*.2					室外智能化工程				
A.1.1.1.*N*.2.1						室外安防系统			包括：该系统室外线缆、配管的敷设及设备安装、调试等工作内容
A.1.1.1.*N*.2.2						室外综合布线系统			包括：该系统室外线缆、配管的敷设及设备安装、调试等工作内容
A.1.1.1.*N*.2.3						室外广播系统（背景音乐）			包括：该系统室外线缆、配管的敷设及设备安装、调试等工作内容
A.1.1.1.*N*.2.4						室外停车场系统			包括：该系统室外线缆、配管的敷设及设备安装、调试等工作内容
A.1.1.1.*N*.2.*N*						……			如上面所列系统没有，可自行增加
A.1.1.1.*N*.3						室外给水工程			包括：土方、管道、井室

表 A-02（续）

编码	一级	二级	三级	四级	五级	六级	七级	八级	对最后一个层级的说明
A.1.1.1.*N*.4					室外中水工程				包括：土方、管道、井室
A.1.1.1.*N*.5					室外消防工程				包括：土方、管道、井室
A.1.1.1.*N*.6					室外雨污水工程				包括：土方、管道、井室、雨水口、雨水调蓄池、化粪池
A.1.1.1.*N*.7					室外热力工程				包括：土方、管道、井室
A.1.1.1.*N*.8					室外燃气工程				包括：土方、管道、井室、调压箱/调压站
A.1.1.1.*N*.9					室外道路工程				
A.1.1.1.*N*.9.1						人行道			包括：人行道基层面层等
A.1.1.1.*N*.9.2						车行道			包括：车行道基层面层等
A.1.1.1.*N*.9.3						交通设施			包括：标识标牌、交通设施等
A.1.1.1.*N*.10					园林绿化工程				
A.1.1.1.*N*.10.1						硬景工程			包括：庭园工程所有内容
A.1.1.1.*N*.10.2						软景工程			包括：绿化工程所有内容
A.1.1.1.*N*.10.3						水景工程			包括：给水排水工程、电气工程

编码	一级	二级	三级	四级	五级	六级	七级	八级	对最后一个层级的说明
A.1.1.1.N.10.4						景观电气			包括：室外景观的灯具、线缆、配管的供应及安装，以及挖土方、支吊架和调试等内容
A.1.1.1.N.10.5						喷灌工程			包括：管道、土方、喷头、阀门、井室
A.1.1.1.N.10.6						健身设施工程			包括：滑梯、健身器械等
A.1.1.1.N.11					门卫及围墙工程				
A.1.1.1.N.11.1						大门			包括：大门建筑、装饰所有内容
A.1.1.1.N.11.2						警卫室			包括：警卫室建筑、装饰所有内容
A.1.1.1.N.11.3						围墙			包括：围墙所有内容
A.1.1.2			工程建设其他费用						
A.1.1.2.1				土地使用费和其他补偿费					包括：建设用地费、临时土地使用费、由于使用土地发生的其他有关费用
A.1.1.1.2.1.1					建设用地费				

表 A–02（续）

编码	一级	二级	三级	四级	五级	六级	七级	八级	对最后一个层级的说明
A.1.1.1.2.1.2					临时土地使用费				
A.1.1.1.2.1.3					其他有关费用				
A.1.1.2.2					建设管理费				包括：建设单位管理费、代建管理费、工程监理费、监造费、招标投标费、设计评审费、特殊项目定额研究及测定费、其他咨询费、印花税等
A.1.1.2.2.1					建设单位管理费				
A.1.1.2.2.2					代建管理费				
A.1.1.2.2.3					工程监理费				
A.1.1.2.2.4					监造费				
A.1.1.2.2.5					招标投标费				
A.1.1.2.2.6					设计评审费				
A.1.1.2.2.7					特殊项目定额研究及测定费				
A.1.1.2.2.8					其他咨询				

编码	一级	二级	三级	四级	五级	六级	七级	八级	对最后一个层级的说明
A.1.1.2.2.9					印花税				
A.1.1.2.2.10					……				
A.1.1.2.3				可行性研究费					包括：编制、评审可行性研究报告等所需的费用
A.1.1.2.4				专项评价费					包括：环境影响评价及验收费、安全预评价及验收费、职业病危害预评价及控制效果评价费、地震安全性评价费、地质灾害危险性评价费、水土保持评价及验收费、压覆矿产资源评价费、节能评估费、危险与可操作性分析及安全完整性评价费、其他专项评价及验收费
A.1.1.2.4.1					环境影响评价及验收费				
A.1.1.2.4.2					安全预评价及验收费				
A.1.1.2.4.3					职业病危害预评价及控制效果评价费				

编码	一级	二级	三级	四级	五级	六级	七级	八级	对最后一个层级的说明
A.1.1.2.4.4					地震安全性评价费				
A.1.1.2.4.5					地质灾害危险性评价费				
A.1.1.2.4.6					水土保持评价及验收费				
A.1.1.2.4.7					压覆矿产资源评价费				
A.1.1.2.4.8					节能评估费				
A.1.1.2.4.9					危险与可操作性分析及安全完整性评价费				
A.1.1.2.4.10					……				
A.1.1.2.5					研究试验费				包括：自行或委托其他部门的专题研究、试验所需人工费、材料费、试验设备及仪器使用费等

编码	一级	二级	三级	四级	五级	六级	七级	八级	对最后一个层级的说明
A.1.1.2.6				勘察设计费					
A.1.1.2.6.1					勘察费				编制工程勘察文件和岩土工程设计文件等收取的费用
A.1.1.2.6.2					设计费				编制建设项目初步设计文件、施工图设计文件、非标准设备设计文件、竣工图文件等服务所收取的费用
A.1.1.2.7				场地准备费和临时设施费					包括：为使工程项目的建设场地达到开工条件，由建设单位组织进行的场地平整等准备工作而发生的费用，以及未列入工程费用的临时水、电、路、讯、气等工程和临时仓库等建（构）筑物的建设、维修、拆除、摊销费用或租赁费用，以及铁路、码头租赁等费用

编码	一级	二级	三级	四级	五级	六级	七级	八级	对最后一个层级的说明
A.1.1.2.8				引进技术和进口设备材料其他费					包括：图纸资料翻译复制费、备品备件测绘费、出国人员费用、来华人员费用、银行担保及承诺费、进口设备材料国内检验费等
A.1.1.2.8.1					图纸资料翻译复制费				
A.1.1.2.8.2					备品备件测绘费				
A.1.1.2.8.3					出国人员费用				
A.1.1.2.8.4					来华人员费用				
A.1.1.2.8.5					银行担保及承诺费				
A.1.1.2.8.6					进口设备材料国内检验费				
A.1.1.2.8.7					……				
A.1.1.2.9				特殊设备安全监督检验费					在施工现场安装的列入国家特种设备范围内的设备（设施）检验检测和监督检查所发生的应列入项目开支的费用

编码	一级	二级	三级	四级	五级	六级	七级	八级	对最后一个层级的说明
A.1.1.2.10				市政公用配套设施费					使用市政公用设施的工程项目，按照项目所在地政府有关规定建设或缴纳的市政公用设施建设配套费用
A.1.1.2.11				联合试运转费					包括：试运转所需材料、燃料及动力消耗、低值易耗品、其他物料消耗、机械使用费、联合试运转人员工资、施工单位参加试运转人工费、专家指导费，以及必要的工业炉烘炉费
A.1.1.2.12				工程保险费					包括：建筑安装工程一切险、工程质量保险、进口设备财产保险和人身意外伤害险等
A.1.1.2.13				专利及专有技术使用费					包括：工艺包装费、设计及技术资料费、有效专利、专有技术使用费、技术保密费和技术服务费等；商标权、商誉和特许经营权费；软件费等

编码	一级	二级	三级	四级	五级	六级	七级	八级	对最后一个层级的说明
A.1.1.2.13.1					工艺包装费				
A.1.1.2.13.2					设计及技术资料费				
A.1.1.2.13.3					有效专利、专有技术使用费				
A.1.1.2.13.4					技术保密费和技术服务费等				
A.1.1.2.13.5					商标权、商誉和特许经营权费				
A.1.1.2.13.6					软件费				
A.1.1.2.13.7					……				
A.1.1.2.14					生产准备费				在建设期内建设单位为保证项目正常生产而发生的人员培训、提前进厂费，以及投产使用必备的办公、生活家具用具及工器具等的购置费用

编码	一级	二级	三级	四级	五级	六级	七级	八级	对最后一个层级的说明
A.1.1.2.15				其他费用					以上费用之外，根据工程建设需要必须发生的其他费用
A.1.1.3			预备费						
A.1.1.3.1				基本预备费					
A.1.1.3.2				价差预备费					
A.1.2			资金筹措费						包括：各类借款利息、债券利息、贷款评估费、国外借款手续费及承诺费、汇兑损益、债券发行费用及其他债务利息支出或融资费用
A.1.3			流动资金						运营期内长期占用并周转使用的营运资金，不包括运营中需要的临时性营运资金

A–03　建设项目特征信息及参数表（表 A–03）

表 A–03　建设项目特征信息及参数表

序号	名称		内容	说明
一	基本信息			
1	工 程 特 征 分 类★	民用建筑	☐　居住建筑	多项选择，选择建设项目中各单项工程的工程类别
			☐　办公建筑	
			☐　旅馆酒店建筑	
			☐　商业建筑	
			☐　文化建筑	
			☐　教育建筑	
			☐　体育建筑	
			☐　卫生建筑	
			☐　交通建筑	
			☐　人防建筑	
			☐　广播电视建筑	
			☐　其他	
		工业建筑	☐　厂房	多项选择，选择建设项目中涉及工业建筑的各单项工程类别
			☐　仓库	
			☐　辅助附属设施	
		构筑物		填写建设项目中各单项工程的工程类别
2	项目所在地★		（　）省（　）市（　）区（县）	填写工程所在地区
3	建设用地面积（m²）			保留小数点后两位小数
4	绿化率（%）			
5	容积率（%）			
6	周边环境		☐　地铁	多项选择
			☐　山河湖海	
			☐　山地	

64

序号	名称	内容	说明
7	现场地质情况	☐ 淤泥 ☐ 土方 ☐ 石方 ☐ 其他	多项选择，选择建设项目主要涉及的地质类别
8	工期（日历天）		
9	开竣工日期		工程实际开竣工日期或合同中约定的计划开竣工日期，首选前者信息
10	安全文明施工标准		根据各地标准进行填写
11	工程承包模式	☐ 工程总承包（EPC） ☐ 项目管理承包（PMC） ☐ 设计－建造（DB） ☐ 平行发包（DBB） ☐ 施工管理承包（CM） ☐ 建造－运营－移交（BOT） 公共部门与私人企业合作（PPP） ☐ 其他	1. 单项选择； 2. 选择"其他"可对未列出的选项进行补充
12	资金来源	☐ 国有资金 ☐ 非国有资金	根据项目资金来源填写
13	造价类型★	☐ 估算价 ☐ 概算价 ☐ 预算价 ☐ 最高投标限价 ☐ 标底 ☐ 合同价 ☐ 结算价 ☐ 决算价	根据价格分析来源填写

序号	名称			内容	说明
14	建安造价是否含税价★			☐　是 税率（　）%	根据价格分析来源填写
				税率补充说明（　）	
				☐　否	
二	面积信息及数据参数				
1	建筑面积★	总建筑面积（m²）			
		总地上建筑面积（m²）			
		总地下建筑面积（m²）			
		其中	项目1建筑面积（m²）		
			项目2建筑面积（m²）		
			……（m²）		
2	红线内室外面积（m²）				红线内室外面积 = 建设用地面积 – 建筑物首层建筑面积
3	人防建筑面积（m²）				
4	人防等级				
5	停车场	机动车车位总数量（个）			
		其中	地上部分（个）		
			地下部分（个）		
		机械停车位（个）			
		停车场面积（m²）			
		车位平均面积（m²/车位数）			
		停车出入口共（个）			

A-04 工程特征信息及参数表（表 A-04-01）

表 A-04-01 单项工程特征信息及参数表（通用表）

序号	名称		内容	说明
一	基本信息			
1	建设性质★		☐ 新建工程	根据工程类别选择
			☐ 扩建工程	
2	结构类型★		☐ 砖混结构	1. 单项选择本工程的主要结构形式； 2. 装配式混凝土结构需填写预制率； 3. 选择"其他"可对未列出的选项进行补充
			☐ 框架结构	
			☐ 剪力墙结构	
			☐ 框架剪力墙	
			☐ 框架核心筒结构	
			☐ 钢结构	
			☐ 钢–混凝土混合结构	
			☐ 木结构	
			装配式混凝土结构（预制率　%）	
			☐ 其他（　）	
3	抗震等级★		☐ 特一级	单项选择
			☐ 一级	
			☐ 二级	
			☐ 三级	
			☐ 四级	
			☐ 非抗震	
4	建筑面积（m^2）★	总建筑面积		
		地上建筑面积		
		地下建筑面积		
5	人防面积（m^2）			
6	建筑物基底面积（m^2）			
7	基坑支护面积（m^2）			边坡竖向投影面积
8	屋面面积（m^2）			垂直投影面积

表 A-04-01（续）

序号	名称		内容		说明
9	檐高、层数、层高★		檐高或房屋高度	（　）m	
			地上最高层数	（　）层	
		地上层高	首层：（　）m		主要区域层高
			标准层：（　）m		
			顶层：（　）m		
		地下层数	（　）层		
		地下层高	地下一层：（　）m		主要区域层高
			地下二层：（　）m		
			地下三层：（　）m		
			地下四层：（　）m		
			其他：（　）m		选择"其他"可对未列出的选项进行补充
10	柱网或结构开间				填写主要区域柱间距或开间大小
11	项目建筑安装施工范围★		□　土石方工程		多项选择
			□　地基处理工程		
			□　主体结构工程		
			□　防水工程		
			□　保温工程		
			□　建筑屋面工程		
			□　门窗工程		
			□　外立面装饰工程		
			□　初装修工程		
			□　精装修工程		
			□　电气工程		
			□　给水排水工程		
			□　消防工程		
			□　采暖工程		
			□　通风与空调工程		
			□　建筑智能及通信工程		
			□　燃气工程		
			□　电梯工程		

68

序号	名称		内容	说明
11	范围特殊说明			自行说明，如不含哪些或哪些不做。再如只做到层配电箱，不包含下口出线灯
	是否包括生产、运营期设备购置及安装费			
12	获奖要求			填写质量要求及地方或国家质量奖项要求（如鲁班奖、北京市结构长城杯金奖等）
13	装修标准★		□ 毛坯	1. 选择主要区域的装修标准； 2. 选择"其他"可对未列出的选项进行补充
			□ 初装	
			□ 精装	
			□ 其他（ ）	
14	绿建标准	等级	□ 绿建一星	1. 单项选择本工程的绿建标准； 2. 选择"其他"可对未列出的选项进行补充，如国外等级需特殊说明
			□ 绿建二星	
			□ 绿建三星	
			□ 其他（ ）	
		被动式低耗能建筑	□ 是	根据项目情况单项选择
			□ 否	
15	设计年限			
16	特殊施工措施			填写对造价影响较大的非常规措施，如因场地狭小造成的外租场地等
17	未计入经济指标的甲供材料及设备信息			
18	造价文件编制时间★			显示到月份即可

表 A-04-01（续）

序号	名称		内容	说明
二	项目专业信息			
1	地基处理及土护降工程			
1.1	土石方工程	开挖形式	□ 挖一般土方	单项选择
			□ 挖沟槽土方	
			□ 挖基坑土方	
		基坑深度（m）		
1.2	地基处理方式		□ 桩处理地基	1. 多项选择主要地基处理方式； 2. 选择"其他"可对未列出的选项进行补充
			□ 换填地基	
			□ 振密地基	
			□ 注浆地基	
			□ 其他地基处理方式（　　）	
1.3	基坑支护形式			基坑支护在描述时，根据不同支护方式，应注明基坑几面做
			□ 地下连续墙	1. 多项选择； 2. 选择"其他"可对未列出的选项进行补充
			□ 护坡桩	
			□ 喷锚混凝土护坡	
			□ 钢筋混凝土支撑	
			□ 钢支撑	
			□ 其他（　　）	
1.4	降水方式		□ 止水帷幕	多项选择主要降水方式
			□ 井点降水	
			□ 管井降水	
			□ 明沟排水	
2	建筑工程			

序号	名称		内容		说明
2.1	基础形式		☐ 桩基础		1. 多项选择主要基础形式； 2. 选择"其他"可对未列出的选项进行补充
			☐ 独立基础		
			☐ 带形基础		
			☐ 满堂基础		
			☐ 其他（　）		
2.2	主体工程	混凝土工程			采用特殊混凝土材质的进行说明
		覆土深度（m）			填写主要覆土区域深度
		钢结构工程	☐ 钢柱		1. 多项选择钢结构工程涉及的使用构件； 2. 采用钢结构屋面的应对屋面钢结构形式进行说明； 3. 选择"其他"可对未列出的选项进行补充
			☐ 钢梁		
			☐ 钢板		
			☐ 钢－混凝土组合结构		
			☐ 屋面钢结构形式（　）		
			☐ 其他（　）		
2.3	屋面工程	屋面形式	☐ 坡屋面		多项选择，最多选 3 项（使用范围占比在 30% 以上入选）
			☐ 平屋面		
			☐ 多波式折板屋面		
			☐ 曲面屋面	☐ 单曲	
				☐ 双曲	
		屋面材料	☐ 金属屋面		1. 多项选择，最多选 3 项（使用范围占比在 30% 以上入选）； 2. 选择"其他"可对未列出的选项进行补充
			☐ 混凝土屋面		
			☐ 瓦屋面		
			☐ 种植屋面		
			☐ 膜结构屋面		
			☐ 其他（　）		

序号	名称		内容	说明
2.4	门窗工程	门	☐ 木门 ☐ 塑钢门 ☐ 铝合金门 ☐ 普通胶合板门 ☐ 装饰门 ☐ 其他（　）	1. 多项选择，勾选大量使用的门类别（非人防门和防火门）； 2. 选择"其他"可对未列出的选项进行补充
		外窗	K 值： ☐ 塑钢窗 ☐ 断桥铝窗 ☐ 铝合金窗 ☐ 其他（　）	热传导系数要求 1. 单项选择，勾选主要采用的外窗类型； 2. 选择"其他"可对未列出的选项进行补充
3	装饰工程			
3.1	主要功能区房间精装修做法			
3.1.1	功能区域 1	地面工程	☐ 水泥砂浆 ☐ 细石混凝土 ☐ 水磨石 ☐ 自流平 ☐ 面砖 ☐ 石材 ☐ 橡塑 ☐ 木地板 ☐ 地毯 ☐ 防静电地板 ☐ 其他（　）	1. 只勾选该功能区使用范围占比在 30% 以上的主要做法； 2. 选择"其他"可对未列出的选项进行补充
		墙面工程	☐ 涂料 ☐ 壁纸壁布 ☐ 木制装饰板墙面 ☐ 石材 ☐ 瓷砖 ☐ 金属 ☐ 其他（　）	1. 只勾选该功能区使用范围占比在 30% 以上的主要做法； 2. 选择"其他"可对未列出的选项进行补充

序号	名称		内容	说明
3.1.1	功能区域 1	天棚工程	☐ 涂料 ☐ 木质装饰板 ☐ 硅钙板 ☐ 纸面石膏板 ☐ 铝塑板吊顶 ☐ PVC 板吊顶 ☐ 铝合金吊顶 ☐ 采光天棚 ☐ 其他（ ）	1. 只勾选该功能区使用范围占比在 30% 以上的主要做法； 2. 选择"其他"可对未列出的选项进行补充
3.1.2	……			同上
3.2	外立面形式		☐ 涂料 ☐ 面砖 ☐ 石材 ☐ 玻璃幕墙 ☐ 金属幕墙 ☐ 外墙一体化板 ☐ 其他（ ）	1. 多项选择，最多选 3 项（使用范围占比在 30% 以上入选）； 2. 选择"其他"可对未列出的选项进行补充
4	安装工程			
4.1	电气工程	照明系统 灯具	☐ 装饰灯具 ☐ 其他（ ）	1. 除普通灯具外，如有装饰灯具请打钩； 2. 如有特殊要求的灯具，请在其他处打钩并详细填写
				填写主要装饰灯具的品牌
		动力系统 是否使用母线槽	☐ 是 ☐ 否	
				如果有请填写规格
		动力系统 电缆	☐ 普通电缆 ☐ 矿物电缆 ☐ 其他（ ）	1. 多项选择； 2. 选择"其他"可对未列出的选项进行补充

序号	名称		内容	说明
4.1	电气工程	防雷接地工程	☐ 航空障碍灯	多项选择
			☐ 避雷针	
				有其他需要说明的请自行填写
		变配电工程	变压器	填写变压器容量、品牌
		应急发电工程		填写发电机容量、品牌
4.2	电梯工程	电梯种类		填写电梯的品牌
			☐ 直梯（包含客梯和货梯）	1. 多项选择； 2. 选择"其他"可对未列出的选项进行补充
			☐ 自动扶梯	
			☐ 自动步行梯	
			☐ 食梯（传菜电梯）	
			☐ 其他（ ）	
		是否包含观光梯	☐ 是	
			☐ 否	
		是否包含超高层高速电梯	☐ 是	
			☐ 否	
		电梯档次		如果有请填写品牌
			☐ 进口	
			☐ 合资	
			☐ 国产	
4.3	建筑智能及通信工程	建筑智能控制系统	☐	1. 建筑智能化系统根据《智能建筑设计标准》GB 50314—2015 进行划分； 2. 多项选择； 3. 将打钩的系统在"内容"列填写主要采用的品牌厂家； 4. 如果有未列出的系统请自行在其他后自行增加并填写
		电话和网络系统	☐	
		视频监控系统	☐	
		门禁管理系统	☐	
		访客管理系统	☐	
		巡更管理系统	☐	
		无线对讲系统	☐	
		残卫报警系统	☐	

表 A-04-01（续）

序号	名称		内容		说明
4.3	建筑智能及通信工程	视频展示系统	☐		1. 建筑智能化系统根据《智能建筑设计标准》GB 50314—2015进行划分； 2. 多项选择； 3. 将打钩的系统在"内容"列填写主要采用的品牌厂家； 4. 如果有未列出的系统请自行在其他后自行增加并填写
		背景音乐系统	☐		
		能源管理系统	☐		
		电梯五方对讲系统	☐		
		弱电备用电源	☐		
		网络机房环境监控系统	☐		
		停车场管理系统	☐		
		会议音视频系统	☐		
		停车场管理系统	是否包含寻车系统	☐ 是	
				☐ 否	
		……			
4.4	给水排水工程	给（冷）水系统	管道	☐ 不锈钢管	1. 多项选择，选择主要材质； 2. 选择"其他"可对未列出的选项进行补充
				☐ 塑料管	
				☐ 复合管	
				☐ 其他（　）	
		中水系统	管道	☐ 钢管	1. 多项选择，选择主要材质； 2. 选择"其他"可对未列出的选项进行补充
				☐ 塑料管	
				☐ 复合管	
				☐ 其他（　）	
		热水系统	管道	☐ 铜管	1. 多项选择，选择主要材质； 2. 选择"其他"可对未列出的选项进行补充
				☐ 不锈钢管	
				☐ 塑料管	
				☐ 复合管	
				☐ 其他（　）	

序号	名称			内容	说明
4.4	给水排水工程	直饮水系统	管道	□ 铜管 □ 不锈钢管 □ 复合管 □ 其他（　）	1. 多项选择，选择主要材质； 2. 选择"其他"可对未列出的选项进行补充
			系统类型	□ 直饮水机 □ 直饮水系统 □ 其他（　）	1. 单项选择； 2. 选择"其他"可对未列出的选项进行补充
		污废水	管道	□ 塑料管 □ 铸铁管 □ 其他（　）	1. 多项选择，选择主要材质； 2. 选择"其他"可对未列出的选项进行补充
			卫生器具		填写洁具品牌，多品牌填写一个代表性且影响价格较大的品牌即可
4.5	消防工程	水灭火系统		□ 消火栓系统 □ 喷淋系统 □ 水炮	多项选择
		气体灭火系统		□ 无管网系统 □ 有管网系统	多项选择
		泡沫灭火系统			
		火灾自动报警系统			填写电气设备的品牌
4.6	采暖工程	散热器采暖系统	散热器类型	□ 铸铁 □ 钢制 □ 复合 □ 其他（　）	1. 单项选择，选择主要采用类型； 2. 选择"其他"可对未列出的选项进行补充
			散热器品牌		填写散热器品牌
		地板采暖系统			填写地暖区域

序号	名称		内容		说明
4.7	空调工程	集中和半集中式空调系统	冷热源形式	☐ 地源热泵 ☐ 空气源热泵 ☐ 冰蓄冷 ☐ 水冷冷水机组 ☐ 风冷冷水机组 ☐ 换热站集中供热 ☐ 锅炉自采暖 ☐ 其他（ ）	1. 多项选择； 2. 选择"其他"可对未列出的选项进行补充
			系统类型	☐ 风 + 水形式 ☐ 全空气形式 ☐ VAV BOX 形式 ☐ 其他（ ）	1. 多项选择； 2. 选择"其他"可对未列出的选项进行补充
			设备	☐ 空调机组 ☐ 新风机组 ☐ 热回收机组 ☐ 其他（ ）	1. 多项选择； 2. 选择"其他"可对未列出的选项进行补充
			空调机组品牌		填写设备品牌
			新风机组品牌		填写设备品牌
			热回收机组品牌		填写设备品牌
			管道	☐ 镀锌钢板风管 ☐ 普通钢板风管 ☐ 玻镁风管 ☐ 复合风管 ☐ 其他（ ）	1. 多项选择，选择主要材质； 2. 选择"其他"可对未列出的选项进行补充
			风机盘管	☐ 两管制 ☐ 四管制	单项选择
			风机盘管品牌		填写设备品牌
		局部式空调类型		☐ 分体式空调 ☐ VRV ☐ 其他（ ）	1. 多项选择，选择主要类型； 2. 选择"其他"可对未列出的选项进行补充

序号	名称			内容	说明
4.8	通风工程	送排风系统	风机品牌		填写设备品牌
		防排烟系统（含排烟、加压、消防补风）	风机品牌		填写设备品牌
		人防系统	人防设备品牌		填写设备品牌
4.9	燃气工程	燃气器具		☐ 燃气开水炉	1. 多项选择；2. 选择"其他"可对未列出的选项进行补充
				☐ 燃气采暖炉	
				☐ 燃气热水器	
				☐ 燃气灶具	
				☐ 其他（　）	
4.10	是否包含抗震支吊架				
5	其他工程				
5.1	停车场充电桩系统	充电桩			填写品牌厂家
5.2	地源热泵工程	热泵机组品牌			填写设备品牌
		水泵品牌			填写设备品牌
5.3	……				自行补充

A–04–02　单项工程特征信息及参数表（工程分类表）

A–04–02–01　单项工程特征信息及参数表（民用建筑）（表 A–04–02–01–01 ~ 表 A–04–02–01–04）

表 A–04–02–01–01　单项工程特征信息及参数表（居住建筑）

序号	名称	内容		说明
	基本信息			
1	居住建筑分类★	☐ 普通住宅		单项选择
		☐ 住宅（含底商）		
		☐ 别墅		
		☐ 公寓		
		☐ 公寓（含底商）		
		☐ 养老地产		
		☐ 集体宿舍		
		☐ 其他（　）		

序号	名称	内容		说明
2	高度类型★	□	低层或多层	一般指总高度 27m 以下
		□	高层	一般指总高度 27m 以上，100m 以下
		□	超高层	一般指总高度 100m 以上
3	居住建筑档次★	□	高档	高档为面对高收入人群的豪宅
		□	中档	中档为介入两者之间，改善型居住建筑
		□	低档	低档为面对刚需的普通居住建筑
4	总户数（户）			
5	主要户型面积（m²）			填写主要户型，建议不超过 3 个
6	商铺面积（m²）			

表 A-04-02-01-02 单项工程特征信息及参数表（办公建筑）

序号	名称	内容		说明
	基本信息			
1	办公建筑分类★	□	行政办公楼	单项选择
		□	写字楼	
		□	实验楼	
		□	其他（ ）	
2	办公楼等级★	□	超甲级写字楼	单项选择
		□	甲级写字楼	
		□	乙级写字楼	
		□	丙级写字楼	
3	主要功能区域			
3.1	独立办公室	数量：		
		总面积：		
3.2	开敞办公区	总面积：		
3.3	会议室	数量：		会议室个数
		总面积：		
		标准面积：		主要类型会议室单个面积
3.4	大堂	总面积：		
3.5	报告厅、多功能厅	数量：		报告厅、多功能厅个数
		总面积：		
		最大面积：		最大报告厅或多功能厅单个面积
3.6	休闲区、共享空间	总面积：		
3.7	配套商业区	总面积：		

表 A-04-02-01-03　单项工程特征信息及参数表（旅馆酒店建筑）

序号	名称	内容		说明
	基本信息			
1	酒店分类★	□　星级酒店（超五星）		1. 单项选择； 2. 选择"其他"可对未列出的选项进行补充
		□　星级酒店（五星）		
		□　星级酒店（四星）		
		□　星级酒店（三星）		
		□　普通旅馆		
		□　酒店式公寓		
		□　其他（　　）		
2	主要功能区域			
2.1	普通客房	数量：		客房个数
		单个面积：		单个客房面积
2.2	高级客房	数量：		客房个数
		单个面积：		单个客房面积
2.3	会议室	数量：		会议室数量
		总面积：		
		最大面积：		最大会议室单个面积
		标准面积：		主要类型会议室单个面积
2.4	报告厅、多功能厅	数量：		报告厅、多功能厅个数
		总面积：		
		最大面积：		最大报告厅或多功能厅单个面积
2.5	大堂	总面积：		
2.6	健身房、休闲用房	总面积：		
2.7	餐厅	数量：		餐厅、酒吧、咖啡厅个数
		总面积：		
2.8	厨房	总面积：		
2.9	游泳池	总面积：		游泳池功能区占用面积

表 A-04-02-01-04 单项工程特征信息及参数表（商业建筑）

序号	名称	内容	说明
	基本信息		
1	商业建筑高度类型★	□ 多层商业（24m 以内）	根据工程分类选择单选
		□ 高层商业（24~100m）	
		□ 超高层商业（100m 以上）	
2	商业综合体所含功能★	□ 商业	1. 多项选择； 2. 选择"其他"可对未列出的选项进行补充
		□ 酒店	
		□ 办公	
		□ 餐饮	
		□ 会议	
		□ 文娱	
		□ 其他（ ）	
3	商业形式	□ 封闭式	单项选择
		□ 露天式	
		□ 地下商业	

A-04-02-01-05 单项工程特征信息及参数表（文化建筑）（表 A-04-02-01-05-01~表 A-04-02-01-05-07）

表 A-04-02-01-05-01 单项工程特征信息及参数表（剧院）

序号	名称	内容	说明
	基本信息		
1	剧院规模★	□ 特大型（1 601 座以上）	单项选择
		□ 大型（1 201~1 600 座）	
		□ 中型（801~1 200 座）	
		□ 小型（300~800 座）	
2	剧院等级★	□ 特等	根据具体情况确定
		□ 甲等	主体结构耐久年限 100 年以上
		□ 乙等	主体结构耐久年限 51~100 年
		□ 丙等	主体结构耐久年限 25~50 年

序号	名称	内容	说明
3	剧场功能区	□ 舞台	多项选择
		□ 观众厅	
		□ 后台	
		□ 前厅休息厅	
4	舞台信息参数		
4.1	舞台类型	□ 镜框式舞台	单项选择
		□ 伸出式舞台	
		□ 岛式舞台	
4.2	舞台类型下级	□ 带乐池	多项选择
		□ 带后舞台	
		□ 带侧舞台	
4.3	舞台机械	□ 车台	多项选择
		□ 升降台	
		□ 转台	
4.4	舞台灯光	□ 面光	多项选择
		□ 耳光	
		□ 追光	
5	观众厅信息参数		
5.1	坐池形式	□ 单层楼座	单项选择
		□ 双层楼座	
		□ 三层楼座	
5.2	观众厅排座方式	□ 长排法	单项选择
		□ 短排法	
5.3	座位数		

序号	名称	内容	说明
6	后台功能区域信息参数		
6.1	后台演出用房功能	☐ 化妆室	多项选择
		☐ 抢妆室	
		☐ 服装室	
		☐ 乐队休息室	
		☐ 乐器调音室	
		☐ 盥洗室	
		☐ 浴室	
		☐ 卫生间	
		☐ 候场室	
		☐ 道具室	
		☐ 指挥休息室	
		☐ 演出办公用房	
6.2	后台辅助用房功能	☐ 排练厅	多项选择
		☐ 木工间	
		☐ 金工间	
		☐ 绘景间	
		☐ 乐器库	
		☐ 硬景库	
		☐ 灯具库	
		☐ 卫生间	
7	前厅休息厅功能区域面积	☐ 售票处	多项选择
		☐ 商品临售处	
		☐ 衣物存放处	
		☐ 误场等候处	
		☐ 卫生间	

表 A-04-02-01-05-02 单项工程特征信息及参数表（展览馆）

序号	名称	内容	说明
	基本信息		
1	展览馆建筑分类★	□ 会展中心	单项选择
		□ 专业展览馆	
2	展览馆建筑规模★	□ 特大型	总展览面积 S（m^2）$S>100\,000$
		□ 大型	总展览面积 S（m^2）$30\,000<S\leqslant100\,000$
		□ 中型	总展览面积 S（m^2）$10\,000<S\leqslant30\,000$
		□ 小型	总展览面积 S（m^2）$S\leqslant10\,000$
3	展览馆等级★	□ 甲等	展厅的展览面积 S（m^2）$S>10\,000$
		□ 乙等	展厅的展览面积 S（m^2）$5\,000<S\leqslant10\,000$
		□ 丙等	展厅的展览面积 S（m^2）$S\leqslant5\,000$
4	展览馆信息参数		
4.1	展览馆功能区域划分	□ 展览空间	多项选择
		□ 公共服务空间	
		□ 仓储空间	
		□ 辅助空间	
4.2	展览空间功能区域	□ 展厅	多项选择
		□ 展场	
4.3	公共服务空间功能区域	□ 前厅	多项选择
		□ 过厅	
		□ 观众休息处（室）	
		□ 贵宾休息室	
		□ 新闻中心	
		□ 会议空间	
		□ 餐饮空间	
		□ 厕所	

序号	名称	内容	说明
4.4	仓储空间区域	☐ 室内展方库房	多项选择
		☐ 室内管理方库房	
		☐ 装卸区	
		☐ 室外堆场	
4.5	辅助空间区域	☐ 行政管理用办公室	多项选择
		☐ 行政管理用会议室	
		☐ 行政管理用文印室	
		☐ 行政管理用值班室	
		☐ 员工休息室	
		☐ 员工卫生间	
		☐ 临时办公用房	
		☐ 设备用房	

表 A-04-02-01-05-03　单项工程特征信息及参数表（图书馆）

序号	名称	内容	说明
	基本信息		
1	建筑规模★	☐ 大型（藏书量 150 万册以上）	单项选择
		☐ 中型（藏书量 50 万~150 万册）	
		☐ 小型（藏书量 50 万册以下）	
2	图书馆等级★	☐ 国家级	单项选择
		☐ 省级	
		☐ 地市级	
		☐ 县级	
		☐ 乡镇级	
		☐ 大学	
		☐ 中学	

序号	名称	内容	说明
3	图书馆信息参数		
3.1	图书馆功能区域划分	☐ 书库 ☐ 阅览室（区） ☐ 检索出纳区 ☐ 公共活动区 ☐ 辅助服务区 ☐ 行政办公 ☐ 业务用房 ☐ 技术设备用房	多项选择
3.2	书库功能区域	☐ 基本书库 ☐ 开架书库 ☐ 特藏书库	多项选择
3.3	阅览室（区）区域	☐ 普通阅览室（区） ☐ 珍善本阅览室 ☐ 微缩阅读区 ☐ 音像视听室 ☐ 电子阅览室 ☐ 少儿阅览室 ☐ 视障阅览室	
3.4	检索出纳区区域	☐ 检索区 ☐ 出纳区	
3.5	公共活动用房区域	☐ 门厅 ☐ 办证处 ☐ 陈列厅 ☐ 报告厅 ☐ 培训场所	

序号	名称	内容	说明
3.6	辅助用房功能区域	☐ 读者休息处 ☐ 咨询服务处 ☐ 寄存处 ☐ 值班室 ☐ 休息室 ☐ 卫生间 ☐ 厨房 ☐ 餐厅	
3.7	业务用房区域	☐ 采编 ☐ 典藏 ☐ 辅导 ☐ 咨询服务处 ☐ 研究 ☐ 信息处理 ☐ 美工	
3.8	技术用房区域	☐ 计算机房 ☐ 微缩用房 ☐ 照相 ☐ 复印室 ☐ 音响控制 ☐ 装裱修复 ☐ 消毒	

表 A-04-02-01-05-04　单项工程特征信息及参数表（档案馆）

序号	名称	内容		说明
	基本信息			
1	档案馆建筑分类★	□　省级	□　一类	馆藏档案数量 90 万卷以上
			□　二类	馆藏档案数量 70 万～90 万卷
			□　三类	馆藏档案数量 70 万卷以下
		□　地市级	□　一类	馆藏档案数量 40 万卷以上
			□　二类	馆藏档案数量 30 万～40 万卷
			□　三类	馆藏档案数量 30 万卷以下
		□　县区级	□　一类	馆藏档案数量 20 万卷以上
			□　二类	馆藏档案数量 10 万～20 万卷
			□　三类	馆藏档案数量 10 万卷以下
2	档案馆信息参数			
2.1	档案馆功能区域划分	□　档案库区		多项选择
		□　对外服务用房		
		□　办公用房和附属用房		
2.2	档案库区域面积	□　纸质档案库		多项选择
		□　音像档案库		
		□　光盘库		
		□　缩微拷贝片库		
		□　母片库（专门存放缩微母片）		
		□　特藏库（存放珍贵档案的高标准档案库）		
		□　实物档案库		
		□　图书资料库		
		□　其他特殊载体档案库		
		□　更衣室		
		□　缓冲间		
		□　交通通道		
		□　封闭外廊		
		□　消毒室		

序号	名称	内容	说明
2.3	对外服务用房区域面积	☐ 服务大厅 ☐ 展览厅 ☐ 报告厅 ☐ 查阅登记室 ☐ 目录室 ☐ 开放档案阅览室 ☐ 未开放档案阅览室 ☐ 缩微阅览室 ☐ 音像档案阅览室 ☐ 电子档案阅览室 ☐ 政府公开信息查阅中心 ☐ 对外利用复印室 ☐ 利用者休息室 ☐ 饮水处 ☐ 公共卫生间	多项选择
2.4	办公用房和附属用房区域面积	☐ 办公室 ☐ 警卫室 ☐ 卫生间 ☐ 浴室 ☐ 医务室 ☐ 变配电室 ☐ 水泵房 ☐ 电梯机房 ☐ 空调机房 ☐ 通信机房 ☐ 消防用房	多项选择

序号	名称	内容	说明
	基本信息		
1	博物馆建筑分类★	☐ 历史类博物馆	单项选择
		☐ 艺术类博物馆	
		☐ 科学与技术类博物馆	
		☐ 综合类博物馆	
2	建筑规模★	☐ 特大型	建筑面积（m²）>50 000
		☐ 大型	20 001< 建筑面积（m²）≤50 000
		☐ 大中型	10 001< 建筑面积（m²）≤20 000
		☐ 中型	5 001< 建筑面积（m²）≤10 000
		☐ 小型	建筑面积（m²）≤5 000
3	博物馆信息参数		
3.1	博物馆功能区域划分	☐ 公众区域	多项选择
		☐ 业务区域	
		☐ 行政区域	
		☐ 附属用房	
3.2	博物馆各区域功能区域	☐ 陈列展览区	多项选择
		☐ 教育区	
		☐ 服务设施	
		☐ 库前区	
		☐ 库房区	
		☐ 藏品技术区	
		☐ 业务与研究用房	
		☐ 行政管理区	
		☐ 附属用房	
3.3	博物馆各功能区域		
3.3.1	公众区域陈列展览功能区用房	☐ 综合大厅	多项选择
		☐ 基本陈列厅	
		☐ 临时展厅	
		☐ 儿童展厅	
		☐ 特殊展厅及其设备间	
		☐ 展具储藏室	
		☐ 讲解员室	
		☐ 管理员室	

序号	名称	内容	说明
3.3.2	公众区域教育功能区用房	☐ 影视厅 ☐ 报告厅 ☐ 教室 ☐ 实验室 ☐ 阅览室 ☐ 博物馆之友活动室 ☐ 青少年活动室	多项选择
3.3.3	公众区域服务设施	☐ 售票室 ☐ 门廊 ☐ 门厅 ☐ 休息室（廊） ☐ 饮水 ☐ 厕所 ☐ 贵宾室 ☐ 广播室 ☐ 医务室 ☐ 茶座 ☐ 餐厅 ☐ 商店	多项选择
3.3.4	业务区域藏品库库前区用房	☐ 鉴选室 ☐ 暂存库 ☐ 保管员工作室 ☐ 包装材料库 ☐ 保管设备库 ☐ 鉴赏室 ☐ 周转库	多项选择

序号	名称	内容	说明
3.3.5	业务区域藏品库库房区用房	☐ 书画、油画室	历史类、综合类博物馆设
		☐ 金属器具室	历史类、综合类博物馆设
		☐ 陶瓷、玉石室	历史类、综合类博物馆设
		☐ 织绣室	历史类、综合类博物馆设
		☐ 木器家具室	历史类、综合类博物馆设
		☐ 雕塑室	历史类、综合类博物馆设
		☐ 民间工艺室	历史类、综合类博物馆设
		☐ 浸制标本室	自然博物馆设
		☐ 干制标本室	自然博物馆设
		☐ 工程技术产品库	科技馆设
		☐ 科技展品库	科技馆设
		☐ 模型库	科技馆设
		☐ 音像资料库	科技馆设
3.3.6	业务区域藏品技术区用房	☐ 清洁间	历史类、综合类博物馆设
		☐ 凉置间	历史类、综合类博物馆设
		☐ 干燥间	历史类、综合类博物馆设
		☐ 熏蒸消毒间	历史类、综合类博物馆设
		☐ 冷冻消毒间	历史类、综合类博物馆设
		☐ 低氧消毒间	历史类、综合类博物馆设
		☐ 书画装裱及修复用房	历史类、综合类博物馆设
		☐ 油画修复室用房	历史类、综合类博物馆设
		☐ 实物修复用房	历史类、综合类博物馆设
		☐ 药品库	
		☐ 临时库	
		☐ 动物标本制作用房	自然博物馆设
		☐ 植物标本制作用房	自然博物馆设
		☐ 化石修理室	自然博物馆设
		☐ 模型制作室	自然博物馆设
		☐ 鉴定实验室	历史类、综合类博物馆设
		☐ 修复工艺实验室	历史类、综合类博物馆设
		☐ 仪器室	历史类、综合类博物馆设
		☐ 材料库	历史类、综合类博物馆设
		☐ 生物实验室	自然博物馆设

序号	名称	内容	说明
3.3.7	业务与研究功能区用房	☐ 摄影用房 ☐ 研究室 ☐ 展陈设计室 ☐ 阅览室 ☐ 资料室 ☐ 信息中心	多项选择
3.3.8	行政区域行政管理功能区用房	☐ 行政办公室 ☐ 接待室 ☐ 会议室 ☐ 物业管理室 ☐ 安全保卫用房 ☐ 消防控制室 ☐ 建筑设备监控室	多项选择
3.3.9	行政区域附属用房	☐ 职工更衣室 ☐ 职工餐厅 ☐ 设备用房 ☐ 行政库房	多项选择

表 A–04–02–01–05–06　单项工程特征信息及参数表（文化宫）

序号	名称	内容	说明
	基本信息		
1	建筑规模★	☐ 大型 ☐ 中型 ☐ 小型	建筑面积（m²）≥6 000 4 000≤建筑面积（m²）<6 000 建筑面积（m²）<4 000
2	文化馆信息参数		
2.1	文化馆用途★	☐ 工人文化宫 ☐ 文化站 ☐ 青少年宫 ☐ 妇女儿童活动中心	单项选择
2.2	文化馆功能区域划分	☐ 群众活动用房 ☐ 业务用房 ☐ 管理、辅助用房	多项选择

序号	名称	内容	说明
2.3	群众活动用房功能区域	☐ 门厅 ☐ 展览陈列用房 ☐ 报告厅 ☐ 排演厅 ☐ 教室 ☐ 计算机网络教室 ☐ 多媒体视听教室 ☐ 舞蹈排练厅 ☐ 琴房 ☐ 美术书法教师 ☐ 图书阅览室 ☐ 游艺用房	多项选择
2.4	业务用房功能区域	☐ 录音录像室 ☐ 文艺创作室 ☐ 研究整理室 ☐ 计算机机房	多项选择
2.5	管理用房功能区域	☐ 行政办公室 ☐ 接待室 ☐ 会计室 ☐ 文印打字室 ☐ 值班室	多项选择
2.6	辅助用房功能区域	☐ 休息室 ☐ 卫生间 ☐ 淋浴用房 ☐ 服装室 ☐ 道具室 ☐ 物品仓库 ☐ 值班室 ☐ 档案室 ☐ 资料室 ☐ 车库 ☐ 设备用房 ☐ 厨房 ☐ 餐厅	多项选择

表 A-04-02-01-05-07　单项工程特征信息及参数表（电影院）

序号	名称	内容		说明
	基本信息			
1	建筑规模★	□	特大型	总座位数应大于 1 800 个，观众厅不宜少于 11 个
		□	大型	总座位数应大于 1 201~1 800 个，观众厅不宜少于 8~10 个
		□	中型	总座位数应大于 701~1 200 个，观众厅不宜少于 5~7 个
		□	小型	总座位数应大于 700 个，观众厅不宜少于 4 个
2	建筑等级★	□	特等	单项选择
		□	甲等	
		□	乙等	
		□	丙等	
3	电影院信息参数			
3.1	银幕类型	□	普通银幕	多项选择
		□	变形宽银幕	
		□	遮幅宽银幕	
3.2	电影院功能区	□	观众厅	多项选择
		□	公共区域	
		□	放映机房	
		□	其他用房	
4	观众厅信息参数			
4.1	坐池形式	□	单层楼座	单项选择
		□	双层楼座	
		□	三层楼座	
4.2	观众厅排座方式	□	长排法	单项选择
		□	短排法	
4.3	座位数			

序号	名称	内容	说明
5	主要功能区域面积	☐ 门厅	多项选择
		☐ 休息厅	
		☐ 售票处	
		☐ 小卖部	
		☐ 衣服存放处	
		☐ 卫生间	
6	放映机房区域面积	☐ 机房	多项选择
		☐ 卫生间	
		☐ 休息室	
		☐ 维修间	
7	其他用房区域面积	☐ 多种营业用房	多项选择
		☐ 贵宾接待室	
		☐ 空调机房	
		☐ 通风机房	
		☐ 冷冻机房	
		☐ 水泵房	
		☐ 变配电室	
		☐ 灯光控制室	
		☐ 消防控制室	
		☐ 安防控制室	
		☐ 有线电视机房	
		☐ 计算机机房	
		☐ 有线广播机房及控制室	
		☐ 行政办公室	
		☐ 会议室	
		☐ 职工食堂	
		☐ 更衣室	
		☐ 卫生间	

A-04-02-01-06 单项工程特征信息及参数表（教育建筑）（表 A-04-02-01-06-01、表 A-04-02-01-06-02）

表 A-04-02-01-06-01 单项工程特征信息及参数表（教学楼）

序号	名称	内容		说明
	基本信息			
1	教育建筑经营类型★	□ 公立		1. 单项选择；
		□ 私立		2. 选择"其他"可对未列出的选项进行补充
		□ 其他（ ）		
2	学校类型★	□ 小、初、高中部		
		□ 高校		
3	教学班级数量			总班级数量
4	主要功能区域			
4.1	普通教室	数量：		教室个数
		总面积：		
4.2	听力考试教室、信息技术教室	数量：		教室个数
		总面积：		
4.3	阶梯教室	数量：		教室个数
		总面积：		
4.4	音乐教室	数量：		教室个数
		总面积：		
4.5	美术教室	数量：		教室个数
		总面积：		
4.6	舞蹈室	数量：		教室个数
		总面积：		
4.7	多功能教室	数量：		教室个数
		总面积：		
4.8	会议室	数量：		教室个数
		总面积：		

序号	名称	内容	说明
4.9	办公室	数量：	办公室个数
		总面积：	
4.10	物理实验室	数量：	实验室个数
		总面积：	
4.11	化学实验室	数量：	实验室个数
		总面积：	
4.12	生物实验室	数量：	实验室个数
		总面积：	
……	……		
5	专用设施系统		
5.1	LED 大屏幕信息显示及控制系统		1. 多项选择； 2. 在打钩项后填写系统描述、品牌档次及功能性指标； 3. 如有其他系统可自行添加
5.2	天文系统		
……	……		

表 A-04-02-01-06-02　单项工程特征信息及参数表（幼儿园综合楼）

序号	名称	内容	说明
	基本信息		
1	教育建筑经营类型★	☐ 公立	1. 单项选择； 2. 选择"其他"可对未列出的选项进行补充
		☐ 私立	
		☐ 其他（　）	
2	教学班级数量		总班级数量
3	主要功能区域		
3.1	教室	数量：	教室个数
		总面积：	
3.2	寝室	数量：	寝室个数
		床数：	单个寝室床数
		总面积：	

序号	名称	内容		说明
3.3	办公室	数量：		办公室个数
		总面积：		
3.4	多功能活动室	数量：		多功能活动室个数
		总面积：		
3.5	厨房	总面积：		
3.6	配餐区	总面积：		
3.7	厕所、盥洗间	总面积：		
3.8	衣帽储藏间	总面积：		
3.9	晨检室	总面积：		
3.10	医务室	总面积：		
3.11	保健观察室	总面积：		
3.12	教具制作室	总面积：		
……	……			

A–04–02–01–07　单项工程特征信息及参数表（体育建筑）（表 A–04–02–01–07–01～表 A–04–02–01–07–03）

表 A–04–02–01–07–01　单项工程特征信息及参数表（体育馆）

序号	名称	内容	说明
	基本信息		
1	体育馆使用性质★		根据场馆用途填写，如比赛场馆或训练场馆等
2	体育馆规模★	□　特大型（10 000 座以上）	单项选择
		□　大型（6 000～10 000 座）	
		□　中型（3 000～6 000 座）	
		□　小型（3 000 座以下）	
3	主要赛事项目★		填写场馆的主要用途，如篮球馆、排球馆、体操馆等
4	可举办赛事等级		特级、甲级、乙级、丙级

序号	名称	内容	说明
5	座席数：（座位）		填写类型、材质、品牌
	其中永久座席数：（座位）		
6	主要功能区域		
6.1	看台	总面积：	
6.1.1	观众席	总面积：	
6.1.2	运动员席	总面积：	
6.1.3	媒体席	总面积：	
6.1.4	主席台	总面积：	
6.1.5	包厢	总面积：	
6.2	观众用房	总面积：	
6.2.1	新闻发布厅	总面积：	
6.2.2	观众区	总面积：	
6.2.3	贵宾区	总面积：	
6.2.4	赞助商区	总面积：	
6.2.5	观众卫生间	总面积：	
6.2.6	商业（比赛时使用）	总面积：	
6.2.7	急救	总面积：	
6.2.8	儿童中心（平时可对外开放）	总面积：	
6.3	运动员用房	总面积：	
6.3.1	比赛场地	总面积：	
6.3.2	休息室	总面积：	
6.3.3	兴奋剂检查室	总面积：	
6.3.4	医务急救室	总面积：	
6.3.5	检录处	总面积：	
6.3.6	赛后控制室	总面积：	

序号	名称	内容	说明
6.3.7	运动员更衣室	总面积：	
6.3.8	室内热身场地	总面积：	
6.3.9	健身训练	总面积：	
6.3.10	辅助用房	总面积：	
7	体育工艺专用设施系统		
7.1	信息应用	□ 场馆运营服务管理系统	
		□ 信息发布和查询系统	
7.2	专用设施	□ 比赛设备集成系统	
		□ 升旗控制系统	
		□ 售验票系统	
		□ 现场影像采集及回放系统	
		□ 计时计分及现场成绩控制系统	
		□ 场地照明控制系统	1. 系统依据《体育建筑智能化系统工程技术规程》T/CCIAT 0035—2021 进行划分；
		□ 场地扩声系统	2. 多项选择；
		□ 信息显示及控制系统	3. 在打钩项后填写系统描述、品牌档次及功能性指标；
7.3	设备管理	□ 建筑设备集成管理系统	4. 如有其他系统可自行添加
		□ 火灾自动报警系统	
		□ 安全技术防范系统	
		□ 建筑设备监控系统	
7.4	信息设施	□ 公共广播系统	
		□ 有线电视系统	
		□ 信息网络系统	
		□ 语音通信系统	
		□ 综合布线系统	
7.5	运营管理	□ 场馆运营服务管理系统	
		□ 信息查询和发布系统	

序号	名称	内容	说明
7.6	竞演设施	☐ 竞演设备集成控制系统	
		☐ 升旗控制系统	
		☐ 售检票系统	
		☐ 竞赛视频系统	
		☐ 计时记分及现场成绩处理系统	
		☐ 场地照明及控制系统	
		☐ 场地扩声系统	
		☐ 大屏显示及控制系统	1. 系统依据《体育建筑智能化系统工程技术规程》T/CCIAT 0035—2021 进行划分；
7.7	运维管理	☐ 建筑设施管理系统	2. 多项选择；
		☐ 能效管理系统	3. 在打钩项后填写系统描述、品牌档次及功能性指标；
		☐ 建筑设备集成管理系统	4. 如有其他系统可自行添加
		☐ 公共广播系统	
		☐ 火灾自动报警系统	
		☐ 安全技术防范系统	
		☐ 建筑设备监控系统	
7.8	通信设施	☐ 有线电视系统	
		☐ 语音通信系统	
		☐ 信息网络系统	
		☐ 综合布线系统	
……	……		

表 A-04-02-01-07-02　单项工程特征信息及参数表（体育场）

序号	名称	内容	说明
	基本信息		
1	体育场规模★	☐ 特大型（60 000 座以上）	单项选择
		☐ 大型（40 000～60 000 座）	
		☐ 中型（20 000～40 000 座）	
		☐ 小型（20 000 座以下）	

序号	名称		内容	说明
2	类型★		☐ 综合性体育场	其他可以填写其他专业球场，如棒球场、网球场、垒球场等
			☐ 专业足球场	
			☐ 其他（　）	
3	可举办赛事等级			特级、甲级、乙级、丙级
4	是否作为开闭幕式场馆		☐ 是	
			☐ 否	
5	罩棚	最高点高度	（　）m	
		是否可封闭	☐ 是	
			☐ 否	
		材质		
6	屋面结构形式			
7	外立面结构形式			
8	跑道长度		（　）m	填写跑道长度（如 200m、400m 等）
9	跑道做法			
10	座席数		（　）座位	填写类型、材质、品牌
	其中永久座席数		（　）座位	
11	草坪种类			
12	主要功能区域			
12.1	看台		总面积：	
12.1.1	观众席		总面积：	
12.1.2	运动员席		总面积：	
12.1.3	媒体席		总面积：	
12.1.4	主席台		总面积：	
12.1.5	包厢		总面积：	
12.2	观众用房		总面积：	
12.2.1	新闻发布厅		总面积：	
12.2.2	观众区		总面积：	
12.2.3	贵宾区		总面积：	
12.2.4	赞助商区		总面积：	
12.2.5	观众卫生间		总面积：	
12.2.6	商业（比赛时使用）		总面积：	

序号	名称	内容	说明
12.2.7	急救	总面积：	
12.2.8	儿童中心（平时可对外开放）	总面积：	
12.3	运动员用房	总面积：	
12.3.1	比赛场地	总面积：	
12.3.2	休息室	总面积：	
12.3.3	兴奋剂检查室	总面积：	
12.3.4	医务急救室	总面积：	
12.3.5	检录处	总面积：	
12.3.6	赛后控制室	总面积：	
12.3.7	运动员更衣室	总面积：	
12.3.8	室内热身场地	总面积：	
12.3.9	健身训练	总面积：	
12.3.10	辅助用房	总面积：	
13	体育工艺专用设施系统		
13.1	信息应用	☐ 场馆运营服务管理系统 ☐ 信息发布和查询系统	
13.2	专用设施	☐ 比赛设备集成系统 ☐ 升旗控制系统 ☐ 售验票系统 ☐ 现场影像采集及回放系统 ☐ 计时计分及现场成绩控制系统 ☐ 场地照明控制系统 ☐ 场地扩声系统 ☐ 信息显示及控制系统	1. 系统依据《体育建筑智能化系统工程技术规程》T/CCIAT 0035—2021 进行划分； 2. 多项选择； 3. 在打钩项后填写系统描述、品牌档次及功能性指标； 4. 如有其他系统可自行添加
13.3	设备管理	☐ 建筑设备集成管理系统 ☐ 火灾自动报警系统 ☐ 安全技术防范系统 ☐ 建筑设备监控系统	

序号	名称	内容	说明
13.4	信息设施	☐ 公共广播系统	1. 系统依据《体育建筑智能化系统工程技术规程》T/CCIAT 0035—2021 进行划分； 2. 多项选择； 3. 在打钩项后填写系统描述、品牌档次及功能性指标； 4. 如有其他系统可自行添加
		☐ 有线电视系统	
		☐ 信息网络系统	
		☐ 语音通信系统	
		☐ 综合布线系统	
13.5	运营管理	☐ 场馆运营服务管理系统	
		☐ 信息查询和发布系统	
13.6	竞演设施	☐ 竞演设备集成控制系统	1. 系统依据《体育建筑智能化系统工程技术规程》T/CCIAT 0035—2021 进行划分； 2. 多项选择； 3. 在打钩项后填写系统描述、品牌档次及功能性指标； 4. 如有其他系统可自行添加
		☐ 升旗控制系统	
		☐ 售检票系统	
		☐ 竞赛视频系统	
		☐ 计时记分及现场成绩处理系统	
		☐ 场地照明及控制系统	
		☐ 场地扩声系统	
		☐ 大屏显示及控制系统	
13.7	运维管理	☐ 建筑设施管理系统	
		☐ 能效管理系统	
		☐ 建筑设备集成管理系统	
		☐ 公共广播系统	
		☐ 火灾自动报警系统	
		☐ 安全技术防范系统	
		☐ 建筑设备监控系统	
13.8	通信设施	☐ 有线电视系统	
		☐ 语音通信系统	
		☐ 信息网络系统	
		☐ 综合布线系统	
……	……		

表 A-04-02-01-07-03　单项工程特征信息及参数表［游泳馆（场）］

序号	名称	内容	说明
	基本信息		
1	游泳馆（场）规模★	☐　特大型（6 000 座以上） ☐　大型（3 000～6 000 座） ☐　中型（1 500～3 000 座） ☐　小型（1 500 座以下）	1. 根据工程分类选择单选； 2. 本表仅对该单项工程进行选择
2	泳道长度	（　　）m	填写泳道长度（如 25m、50m 等）
3	泳道数量	（　　）条	填写泳道数量（如 4 条、8 条 等）
4	泳池面积	（　　）m²	
5	跳台跳板类型		
5.1	跳板个数	（　　）个	
5.2	跳台高度	（　　）m	填写类型、材质、品牌
6	座席数：（座位）		
	其中永久座席数：（座位）		
7	游泳馆（场）	☐　露天 ☐　不露天	
8	主要功能区域		
8.1	看台	总面积：	
8.1.1	观众席	总面积：	
8.1.2	运动员席	总面积：	
8.1.3	媒体席	总面积：	
8.1.4	主席台	总面积：	
8.1.5	包厢	总面积：	
8.2	观众用房	总面积：	
8.2.1	新闻发布厅	总面积：	
8.2.2	观众区	总面积：	

表 A–04–02–01–07–03（续）

序号	名称	内容	说明
8.2.3	贵宾区	总面积：	
8.2.4	赞助商区	总面积：	
8.2.5	观众卫生间	总面积：	
8.2.6	商业（比赛时使用）	总面积：	
8.2.7	急救	总面积：	
8.2.8	儿童中心（平时可对外开放）	总面积：	
8.3	运动员用房	总面积：	
8.3.1	休息室	总面积：	
8.3.2	兴奋剂检查室	总面积：	
8.3.3	医务急救室	总面积：	
8.3.4	检录处	总面积：	
8.3.5	运动员更衣室	总面积：	
8.3.6	室内热身场地	总面积：	
8.3.7	健身训练	总面积：	
8.3.8	淋浴间	总面积：	
8.3.9	辅助用房	总面积：	
9	体育工艺专用设施系统		
9.1	信息应用	☐ 场馆运营服务管理系统 ☐ 信息发布和查询系统	1. 系统依据《体育建筑智能化系统工程技术规程》T/CCIAT 0035—2021 进行划分； 2. 多项选择； 3. 在打钩项后填写系统描述、品牌档次及功能性指标； 4. 如有其他系统可自行添加
9.2	专用设施	☐ 比赛设备集成系统 ☐ 升旗控制系统 ☐ 售验票系统 ☐ 现场影像采集及回放系统 ☐ 计时计分及现场成绩控制系统 ☐ 场地照明控制系统 ☐ 场地扩声系统 ☐ 信息显示及控制系统	

序号	名称	内容	说明
9.3	设备管理	☐ 建筑设备集成管理系统	
		☐ 火灾自动报警系统	
		☐ 安全技术防范系统	
		☐ 建筑设备监控系统	1. 系统依据《体育建筑智能化系统工程技术规程》T/CCIAT 0035—2021 进行划分； 2. 多项选择； 3. 在打钩项后填写系统描述、品牌档次及功能性指标； 4. 如有其他系统可自行添加
9.4	信息设施	☐ 公共广播系统	
		☐ 有线电视系统	
		☐ 信息网络系统	
		☐ 语音通信系统	
		☐ 综合布线系统	
9.5	运营管理	☐ 场馆运营服务管理系统	
		☐ 信息查询和发布系统	
9.6	竞演设施	☐ 竞演设备集成控制系统	
		☐ 升旗控制系统	
		☐ 售检票系统	
		☐ 竞赛视频系统	
		☐ 计时记分及现场成绩处理系统	
		☐ 场地照明及控制系统	
		☐ 场地扩声系统	1. 系统依据《体育建筑智能化系统工程技术规程》T/CCIAT 0035—2021 进行划分； 2. 多项选择； 3. 在打钩项后填写系统描述、品牌档次及功能性指标； 4. 如有其他系统可自行添加
		☐ 大屏显示及控制系统	
9.7	运维管理	☐ 建筑设施管理系统	
		☐ 能效管理系统	
		☐ 建筑设备集成管理系统	
		☐ 公共广播系统	
		☐ 火灾自动报警系统	
		☐ 安全技术防范系统	
		☐ 建筑设备监控系统	
9.8	通信设施	☐ 有线电视系统	
		☐ 语音通信系统	
		☐ 信息网络系统	
		☐ 综合布线系统	
……	……		

表 A-04-02-01-08　单项工程特征信息及参数表（卫生建筑）

序号	名称	内容		说明
	基本信息			
1	卫生建筑分类★	□	门诊楼	单项选择
		□	医技楼	
		□	门诊医技综合楼	
		□	住院楼	
		□	医疗综合楼	
		□	保健站	
		□	社区卫生中心 / 卫生所	
		□	急诊楼	
		□	其他（　）	
2	卫生建筑经营类型★	□	公立	1. 单项选择； 2. 选择"其他"可对未列出的选项进行补充
		□	私立	
		□	其他（　）	
3	卫生建筑经营等级★	□	三级甲等	单项选择
		□	三级	
		□	二级	
		□	一级	
		□	其他（　）	
4	住院床位	（　）床		
5	主要功能区域			
5.1	总包一般区域	总面积：　　　m²		
5.2	净化区	总面积：　　　m²		有净化要求的制剂中心、手术中心、ICU 等房间及其配套房间
5.3	防护区域	总面积：　　　m²		有防护要求的 MRI、CT 等房间及其配套房间
5.4	实验室区域	总面积：　　　m²		PI 实验室、动物实验室、分子生物学实验室等区域
5.5	医疗及医疗辅助用房	总面积：		
5.6	精装修区域	总面积：		医疗主街、门诊大厅、候诊区、报告厅、电梯厅、行政楼会议室等精装修工程区域

A-04-02-01-09 单项工程特征信息及参数（交通建筑）（表 A-04-02-01-09-01、表 A-04-02-01-09-02）

表 A-04-02-01-09-01 单项工程特征信息及参数（机场航站楼）

序号	名称	内容	说明
	基本信息		
1	交通建筑分类★	☐ 机场航站楼 ☐ 机场指挥塔 ☐ 火车站 ☐ 汽车站 ☐ 港口码头服务用房 ☐ 高速公路服务用房 ☐ 交通枢纽 ☐ 停车楼 ☐ 其他（ ）	1. 单项选择； 2. 选择"其他"可对未列出的选项进行补充
2	设计容量	（ ）万人次	年旅客吞吐量
3	主要功能区域		
3.1	公共区	总面积：	包括所有公众旅客能够到过的公共区域
3.2	非公共区	总面积：	
3.2.1	内部办公区	总面积：	
3.2.2	内部卫生间	总面积：	
3.2.3	行李处理区	总面积：	
3.2.4	机房	总面积：	
3.2.5	非公共区其他区域	总面积：	
3.3	二次装修区域	总面积：	二次装修区根据交楼标准为毛坯交楼，后期精装

110

表 A-04-02-01-09-02　单项工程特征信息及参数表（停车楼）

序号	名称	内容	说明
	基本信息		
1	交通建筑分类★	☐　机场航站楼 ☐　机场指挥塔 ☐　火车站 ☐　汽车站 ☐　港口码头服务用房 ☐　高速公路服务用房 ☐　交通枢纽 ☐　停车楼 ☐　其他（　　）	1. 单项选择； 2. 选择"其他"可对未列出的选项进行补充
2	停车数量（辆）		
3	主要功能区域		
3.1	停车区域	总面积：	
3.2	机房	总面积：	
3.3	管理用房	总面积：	

A-04-02-02　单项工程特征信息及参数表（工业建筑）（表 A-04-02-02-01、表 A-04-02-02-02）

表 A-04-02-02-01　单项工程特征信息及参数表（厂房）

序号	名称	内容	说明
	基本信息		
1	厂房所属行业★	☐　电子信息 ☐　化工 ☐　轻工 ☐　通信 ☐　医药 ☐　机械加工 ☐　冶金 ☐　纺织	1. 单项选择； 2. 选择"其他"可对未列出的选项进行补充

序号	名称	内容	说明
1	厂房所属行业★	□ 重工 □ 轻纺 □ 电子加工 □ 食品 □ 其他	1. 单项选择； 2. 选择"其他"可对未列出的选项进行补充
2	厂房使用功能★	□ 高配电厂房 □ 科研厂房 □ 下料车间 □ 热处理车间 □ 锻造车间 □ 冷作车间 □ 机械加工车间 □ 装配车间 □ 工具工装车间 □ 包装运输物料周转车间 □ 设备维修车间 □ 质量检查控制车间 □ 其他特殊车间（ ）	1. 单项选择； 2. 选择"其他特殊车间"可对未列出的选项进行补充，如喷漆车间、焊接车间、车辆总装车间、洁净车间、食品加工车间、医疗制备车间、化工合成车间、公用设备车间、电镀车间、功能测试车间等，其他特种厂房，如防放射性物质、防电磁波干扰等
3	厂房火灾危险性分类	□ 甲类 □ 乙类 □ 丙类 □ 丁类 □ 戊类	单项选择
4	厂房耐火等级	□ 一级 □ 二级 □ 三级 □ 四级	单项选择

序号	名称	内容	说明
5	层数分类★	☐ 单层 ☐ 多层 ☐ 高层	单项选择
6	地上加权平均层高	（　）m	加权平均层高的计算公式为：总建筑面积是 S，S_1 层高 H_1m，S_2 层高 H_2m，S_3 高 H_3m，则加权平均高 = （$S_1 \times H_1 + S_2 \times H_2 + S_3 \times H_3$）/$S$
7	建筑体积	（　）m³	建筑体积的计算公式为：S_1 层高 H_1m，S_2 层高 H_2m，S_3 高 H_3m，则建筑体积 = $S_1 \times H_1 + S_2 \times H_2 + S_3 \times H_3$
8	厂房跨数跨向	☐ 单向单跨 ☐ 单向多跨 ☐ 混向单跨 ☐ 混向多跨	单项选择
9	最大跨度	（　）m	
10	最大柱距	（　）m	
11	屋面类型	☐ 平屋顶 ☐ 坡屋顶	单项选择
12	屋面找坡类型	☐ 混凝土结构找坡 ☐ 钢结构找坡 ☐ 回填找坡	单项选择
13	屋面主要坡度	（　）%	
14	活荷载指标	（　）kN/m²	
15	结构类型（按受力体系分）	☐ 钢架结构 ☐ 排架结构 ☐ 框架结构 ☐ 剪力墙结构 ☐ 框架 – 剪力墙结构 ☐ 异形柱结构 ☐ 短肢剪力墙结构 ☐ 框支剪力墙结构 ☐ 其他（　）	1. 按主要受力体系单项选择； 2. 选择"其他"可对未列出的选项进行补充

表 A-04-02-02-01（续）

序号	名称	内容	说明
16	主要屋架结构类型	☐ 屋架钢结构	按材料分
		☐ 屋架混凝土结构	
		☐ 屋架全网架结构	按结构型式分
		☐ 屋架全桁架结构	
		☐ 现浇混凝土梁板结构	
		☐ 其他（ ）	
17	主要屋面板结构类型	☐ 屋面板钢结构	单项选择
		☐ 屋面板混凝土结构	
18	行车配置	☐ 有	
		☐ 无	
19	厂房配套	☐ 办公区域	多项选择
		☐ 休息间	
		☐ 电梯间	
		☐ 消防水池及消防控制室	
		☐ 供配电间	
		☐ 其他（ ）	

表 A-04-02-02-02 单项工程特征信息及参数表（仓库）

序号	名称	内容	说明
	基本信息		
1	仓库分类★	☐ 通用仓库	单项选择
		☐ 专用仓库	
		☐ 特种仓库	
2	规模★	☐ 五星仓库（仓库总建筑面积 ≥10 000m^2，且立体库比例≥50%）	单项选择
		☐ 四星仓库（仓库总建筑面积 ≥10 000m^2，且立体库比例≥30%）	
		☐ 三星仓库（仓库总建筑面积 ≥10 000m^2，无立体库和装卸平台）	
		☐ 二星仓库（仓库总建筑面积 ≥5 000m^2，设有信息管理系统）	
		☐ 一星仓库（仓库总建筑面积 ≥5 000m^2，无信息管理系统）	

序号	名称	内容	说明
3	建筑形式★	☐ 单层库房	单项选择
		☐ 双层库房	
		☐ 多层库房	
4	生产的火灾危险性分类	☐ 甲	单项选择
		☐ 乙	
		☐ 丙	
		☐ 丁	
		☐ 戊	
5	仓库用途	☐ 储备仓库	1. 单项选择； 2. 选择"其他"可对未列出的选项进行补充
		☐ 加工仓库	
		☐ 其他（ ）	
6	货物特性	☐ 原料仓库	1. 单项选择； 2. 选择"其他"可对未列出的选项进行补充
		☐ 成品仓库	
		☐ 恒温仓库	
		☐ 危险品仓库	
		☐ 其他（ ）	
7	屋面类型	☐ 平屋顶	单项选择
		☐ 坡屋顶	
8	活荷载指标		
9	主要功能区域		
9.1	储存区	总面积：	
9.2	办公区	总面积：	
9.3	材料室	总面积：	
9.4	充电区	总面积：	
9.5	喷油区	总面积：	
9.6	库房	总面积：　　　m²	
9.7	楼梯间	总面积：　　　m²	
9.8	电梯井道	总面积：　　　m²	

序号	名称	内容		说明
9.9	电气间	总面积：　　　m²		
9.10	整理间	总面积：　　　m²		
9.11	工作室	总面积：　　　m²		
9.12	修理间	总面积：　　　m²		
9.13	车辆库	总面积：　　　m²		
9.14	露天货场	总面积：　　　m²		
……	……			
10	仓库专用设施系统			
10.1	仓库货架移动系统	□		1. 多项选择； 2. 在打钩项后填写系统描述、品牌档次及功能性指标； 3. 如有其他系统可自行添加
10.2	仓库货物快速分拣系统	□		
……	……	□		

A-04-03　红线内室外工程特征信息及参数表（表 A-04-03）

表 A-04-03　红线内室外工程特征信息及参数表

序号	名称		内容	说明
1	室外管网工程			
1.1	室外变配电工程	变压器		填写变压器容量和台数、品牌厂家
		配电电缆		填写规格
		电缆敷设方式	□ 穿管	1. 多项选择，选择主要类型； 2. 选择"其他"可对未列出的选项进行补充
			□ 埋地	
			□ 沿电缆沟	
			□ 其他	

序号	名称		内容	说明
1.2	室外给水工程	管道材质	☐ 塑料管	1. 多项选择，选择主要材质；2. 选择"其他"可对未列出的选项进行补充
			☐ 钢管	
			☐ 铸铁管	
			☐ 复合管	
			☐ 其他	
		井室类型	☐ 砌筑井	1. 多项选择，选择主要类型；2. 选择"其他"可对未列出的选项进行补充
			☐ 模块井	
			☐ 混凝土井	
			☐ 其他	
1.3	室外中水工程	管道材质	☐ 塑料管	1. 多项选择，选择主要材质；2. 选择"其他"可对未列出的选项进行补充
			☐ 钢管	
			☐ 铸铁管	
			☐ 复合管	
			☐ 其他	
		井室类型	☐ 砌筑井	1. 多项选择，选择主要类型；2. 选择"其他"可对未列出的选项进行补充
			☐ 模块井	
			☐ 混凝土井	
			☐ 其他	
1.4	室外消防工程	管道材质	☐ 塑料管	1. 多项选择，选择主要材质；2. 选择"其他"可对未列出的选项进行补充
			☐ 钢管	
			☐ 铸铁管	
			☐ 复合管	
			☐ 其他	
		井室类型	☐ 砌筑井	1. 多项选择，选择主要类型；2. 选择"其他"可对未列出的选项进行补充
			☐ 模块井	
			☐ 混凝土井	
			☐ 其他	

序号	名称		内容	说明
1.5	室外雨污水工程	管道材质	☐ 塑料管	1. 多项选择，选择主要材质； 2. 选择"其他"可对未列出的选项进行补充
			☐ 铸铁管	
			☐ 钢管	
			☐ 其他	
		井室类型	☐ HDPE 塑料井	1. 多项选择，选择主要类型； 2. 选择"其他"可对未列出的选项进行补充
			☐ 砌筑井	
			☐ 模块井	
			☐ 混凝土井	
			☐ 其他	
		化粪池类型	☐ 混凝土	1. 单项选择； 2. 选择"其他"可对未列出的选项进行补充
			☐ 玻璃钢	
			☐ 砌筑	
			☐ 其他	
		雨水调蓄池类型	☐ HDPE 塑料	1. 单项选择； 2. 选择"其他"可对未列出的选项进行补充
			☐ 混凝土	
			☐ 其他	
1.6	室外热力工程	管道材质	☐ 直埋保温管	1. 单项选择； 2. 选择"其他"可对未列出的选项进行补充
			☐ 钢管	
			☐ 其他	
		井室类型	☐ 混凝土	1. 单项选择； 2. 选择"其他"可对未列出的选项进行补充
			☐ 砌筑	
			☐ 其他	
1.7	室外燃气工程	管道材质	☐ 钢管	1. 多项选择，选择主要类型； 2. 选择"其他"可对未列出的选项进行补充
			☐ 塑料管	
			☐ 其他	
		井室类型	☐ 混凝土	1. 单项选择； 2. 选择"其他"可对未列出的选项进行补充
			☐ 砌筑	
			☐ 其他	

序号	名称		内容	说明
2	室外道路工程			
2.1	人行道		☐ 混凝土铺装	1. 多项选择，选择主要材质； 2. 选择"其他"可对未列出的选项进行补充
			☐ 彩色混凝土铺装	
			☐ 水泥路面	
			☐ 标准砖地面	
			☐ 混凝土砌块砖铺装	
			☐ 嵌草砖铺装	
			☐ 广场砖铺装	
			☐ 青石板铺装	
			☐ 花岗岩铺装	
			☐ 室外木地板铺装	
			☐ 彩色透水石铺装	
			☐ 其他（　）	
2.2	车行道		☐ 混凝土路面	1. 多项选择，选择主要材质； 2. 选择"其他"可对未列出的选项进行补充
			☐ 水泥混凝土路面	
			☐ 沥青混凝土路面	
			☐ 其他（　）	
3	园林绿化工程			
3.1	硬景工程	铺装	☐ 花岗岩铺装	1. 多项选择，选择主要材质； 2. 选择"其他"可对未列出的选项进行补充
			☐ 广场砖铺装	
			☐ 卵石路面	
			☐ 雨花石路面	
			☐ 彩色混凝土铺装	
			☐ 塑胶地面	
			☐ 室外木地板铺装	
			☐ 洗米石铺装	
			☐ 路缘石	
			☐ 汀步	
			☐ 其他（　）	

序号	名称		内容	说明
3.1	硬景工程	小品	☐ 假山 ☐ 土丘 ☐ 雕塑 ☐ 景亭 ☐ 花架 ☐ 景墙 ☐ 喷泉 ☐ 坐凳 ☐ 种植池 ☐ 健身器材 ☐ 围墙 ☐ 其他（　）	1. 多项选择，选择主要材质； 2. 选择"其他"可对未列出的选项进行补充
3.2	软景工程		☐ 乔木 ☐ 灌木 ☐ 花卉 ☐ 草坪 ☐ 竹类 ☐ 棕榈类 ☐ 绿篱 ☐ 攀缘植物 ☐ 色带 ☐ 水生植物 ☐ 其他（　）	1. 多项选择，选择主要材质； 2. 选择"其他"可对未列出的选项进行补充
3.3	水景工程			填写包括的相关内容
3.4	景观电气	灯具	☐ 埋地灯 ☐ 中杆灯 ☐ 高杆灯 ☐ 装饰彩灯 ☐ 其他（　）	1. 多项选择； 2. 选择"其他"可对未列出的选项进行补充
				填写灯具品牌或厂家

序号	名称		内容	说明
3.4	景观电气	线缆	☐ 导线	1. 多项选择； 2. 选择"其他"可对未列出的选项进行补充
			☐ 电缆	
		敷设方式	☐ 穿钢管	
			☐ 埋地敷设	
			☐ 沿电缆沟	
			☐ 其他（ ）	
4	门卫及围墙	门卫	（ ）个	如果单项工程中有独立车库，需填写；如果该项目共用车库，则不需要填写
		围墙类型		
		机动车车位总数量	（ ）个	
		其中充电桩车位数量	（ ）个	
		停车场面积	（ ）m²	
		停车出入口	（ ）个	
		是否包含寻车系统	☐ 是	
			☐ 否	

A-05 建设项目总投资指标表（表 A-05）

表 A-05 建设项目总投资指标表

序号	名称	金额（元）	单位指标		造价占比（%）	备注
			指标	单位		
1	建设项目总投资		金额 ÷ 建设项目总建筑面积	元 /m²	工程造价 + 资金筹措 + 流动资金	
1.1	工程造价		金额 ÷ 建筑面积	元 /m²	金额（元）÷ 建设项目总投资（元）	
1.1.1	工程费用		金额 ÷ 建筑面积	元 /m²	金额（元）÷ 工程造价总金额（元）	
1.1.1.1	单项工程 1		金额 ÷ 建筑面积	元 /m²	金额（元）÷ 工程费用金额（元）	

表 A-05（续）

序号	名称	金额（元）	单位指标		造价占比（%）	备注
			指标	单位		
1.1.1.2	单项工程2		金额÷建筑面积	元/m²	金额（元）÷工程费用金额（元）	
......	......				金额（元）÷工程费用金额（元）	
1.1.1.N	红线内室外工程		金额÷建筑面积	元/m²	金额（元）÷工程费用金额（元）	
1.1.2	工程建设其他费用		金额÷建筑面积	元/m²	金额（元）÷工程造价总金额（元）	
1.1.2.1	土地使用费和其他补偿费		金额÷建筑面积	元/m²	金额（元）÷工程建设其他费用（元）	
1.1.2.2	建设管理费		金额÷建筑面积	元/m²	金额（元）÷工程建设其他费用（元）	
1.1.2.3	可行性研究费		金额÷建筑面积	元/m²	金额（元）÷工程建设其他费用（元）	
1.1.2.4	专项评价费		金额÷建筑面积	元/m²	金额（元）÷工程建设其他费用（元）	
1.1.2.5	研究试验费		金额÷建筑面积	元/m²	金额（元）÷工程建设其他费用（元）	
1.1.2.6	勘察设计费		金额÷建筑面积	元/m²	金额（元）÷工程建设其他费用（元）	
1.1.2.7	场地准备费和临时设施费		金额÷建筑面积	元/m²	金额（元）÷工程建设其他费用（元）	
1.1.2.8	引进技术和进口设备材料其他费		金额÷建筑面积	元/m²	金额（元）÷工程建设其他费用（元）	
1.1.2.9	特殊设备安全监督检验费		金额÷建筑面积	元/m²	金额（元）÷工程建设其他费用（元）	
1.1.2.10	市政公用配套设施费		金额÷建筑面积	元/m²	金额（元）÷工程建设其他费用（元）	
1.1.2.11	联合试运转费		金额÷建筑面积	元/m²	金额（元）÷工程建设其他费用（元）	
1.1.2.12	工程保险费		金额÷建筑面积	元/m²	金额（元）÷工程建设其他费用（元）	

序号	名称	金额（元）	单位指标		造价占比（%）	备注
			指标	单位		
1.1.2.13	专利及专有技术使用费		金额 ÷ 建筑面积	元 /m²	金额（元）÷ 工程建设其他费用（元）	
1.1.2.14	生产准备费		金额 ÷ 建筑面积	元 /m²	金额（元）÷ 工程建设其他费用（元）	
1.1.2.15	其他费用		金额 ÷ 建筑面积	元 /m²	金额（元）÷ 工程建设其他费用（元）	
1.1.3	预备费		金额 ÷ 建筑面积	元 /m²	金额（元）÷ 工程造价总金额（元）	
1.1.3.1	基本预备费		金额 ÷ 建筑面积	元 /m²	金额（元）÷ 预备费金额（元）	
1.1.3.2	价差预备费		金额 ÷ 建筑面积	元 /m²	金额（元）÷ 预备费金额（元）	
1.2	资金筹措费		金额 ÷ 建筑面积	元 /m²	金额（元）÷ 建设项目总投资（元）	
1.3	流动资金		金额 ÷ 建筑面积	元 /m²	金额（元）÷ 建设项目总投资（元）	

注：1. 单项楼中对应的建筑面积指该单项工程的建筑面积。
2. 红线内室外工程中对应的建筑面积指红线内室外面积。
3. 其余建筑面积指建设项目总建筑面积。

A-06 建设项目投资指标明细表（表 A-06）

表 A-06 建设项目投资指标明细表

序号	名称	金额（元）	单位指标		造价占比（%）	备注
			指标	单位		
	单项工程 1		金额 ÷ 建筑面积	元 /m²	100	
1	建筑工程		金额 ÷ 建筑面积	元 /m²	金额（元）÷ 单项工程 1 费用金额（元）	
2	装饰工程		金额 ÷ 建筑面积	元 /m²	金额（元）÷ 单项工程 1 费用金额（元）	

序号	名称	金额（元）	单位指标		造价占比（%）	备注
			指标	单位		
3	机电安装工程		金额 ÷ 建筑面积	元 /m²	金额（元）÷ 单项工程 1 费用金额（元）	
4	措施费		金额 ÷ 建筑面积	元 /m²	金额（元）÷ 单项工程 1 费用金额（元）	
5	其他工程		金额 ÷ 建筑面积	元 /m²	金额（元）÷ 单项工程 1 费用金额（元）	
6	生产、运营期设备购置及安装费		金额 ÷ 建筑面积	元 /m²	金额（元）÷ 单项工程 1 费用金额（元）	

A-07 工程经济指标表（表 A-07-01 ~ 表 A-07-03）

表 A-07-01 单项工程造价指标明细表（通用表）

序号	名称	金额（元）	单位指标	相关指标				造价占比（%）	备注
				相关基数	数量	单位	相关单位指标（元/单位）		
		A	B		C		D=A÷C		
	单项工程 1							100	
1	建筑工程							金额（元）÷ 单项工程 1（元）	
1.1	土石方、地基与桩基础工程							金额（元）÷ 建筑工程（元）	
1.1.1	地基与桩基础工程							金额（元）÷ 土石方及地基处理工程（元）	自行考虑，根据已有数据确定指标基数

124

序号	名称	金额（元）	单位指标	相关指标				造价占比（%）	备注
				相关基数	数量	单位	相关单位指标（元/单位）		
		A	B		C		D=A÷C		
1.1.1.1	桩基础							金额（元）÷地基处理工程（元）	
1.1.1.2	换填地基							金额（元）÷地基处理工程（元）	
1.1.1.3	振密地基							金额（元）÷地基处理工程（元）	
1.1.1.4	注浆地基							金额（元）÷地基处理工程（元）	
1.1.1.5	其他地基处理工程费用							金额（元）÷地基处理工程（元）	
1.1.2	土石方工程			挖方工程量		m³		金额（元）÷土石方及地基处理工程（元）	
1.1.2.1	挖运土石方工程			挖方工程量		m³		金额（元）÷土石方工程（元）	
1.1.2.2	填方工程			填方工程量		m³		金额（元）÷土石方工程（元）	
1.1.3	边坡支护工程			护坡面积		m²		金额（元）÷土石方工程（元）	
1.1.4	土石方工程其他费用							金额（元）÷土石方工程（元）	
1.2	结构工程							金额（元）÷建筑工程（元）	
1.2.1	地下结构工程			地下建筑面积		m²		金额（元）÷结构工程（元）	

125

序号	名称	金额（元）	单位指标	相关指标				造价占比（%）	备注
				相关基数	数量	单位	相关单位指标（元/单位）		
		A	B			C	D=A÷C		
1.2.1.1	地下砌筑工程			地下建筑面积		m²		金额（元）÷地下结构工程（元）	
1.2.1.2	地下钢筋工程			地下建筑面积		m²		金额（元）÷地下结构工程（元）	
1.2.1.3	地下现浇混凝土工程			地下建筑面积		m²		金额（元）÷地下结构工程（元）	
1.2.1.4	地下金属结构工程			地下建筑面积		m²		金额（元）÷地下结构工程（元）	
1.2.1.5	地下预制混凝土工程			地下建筑面积		m²		金额（元）÷地下结构工程（元）	
1.2.1.6	地下结构其他工程			地下建筑面积		m²		金额（元）÷地下结构工程（元）	
1.2.2	地上结构工程			地上建筑面积		m²		金额（元）÷结构工程（元）	
1.2.2.1	地上砌筑工程			地上建筑面积		m²		金额（元）÷地上结构工程（元）	
1.2.2.2	地上钢筋工程			地上建筑面积		m²		金额（元）÷地上结构工程（元）	
1.2.2.3	地上现浇混凝土工程			地上建筑面积		m²		金额（元）÷地上结构工程（元）	

表 A–07–01（续）

序号	名称	金额（元）A	单位指标 B	相关指标				造价占比（％）	备注
				相关基数 C	数量	单位	相关单位指标（元/单位）D=A÷C		
1.2.2.4	地上金属结构工程			地上建筑面积		m²		金额（元）÷地上结构工程（元）	
1.2.2.5	地上预制混凝土工程			地上建筑面积		m²		金额（元）÷地上结构工程（元）	
1.2.2.6	地上结构其他工程			地上建筑面积		m²		金额（元）÷地上结构工程（元）	
1.3	防水工程							金额（元）÷建筑工程（元）	
1.3.1	地下防水及防潮工程			地下建筑面积		m²		金额（元）÷防水工程（元）	
1.3.2	地上防水及防潮工程			地上建筑面积		m²		金额（元）÷防水工程（元）	
1.4	保温工程							金额（元）÷建筑工程（元）	
1.4.1	地下保温工程			地下建筑面积		m²		金额（元）÷保温工程（元）	
1.4.2	地上保温工程			地上建筑面积		m²		金额（元）÷保温工程（元）	
1.5	屋面工程（不含防水保温）							金额（元）÷建筑工程（元）	
1.5.1	地下屋面工程			地下屋面面积		m²		金额（元）÷屋面工程（不含防水保温）（元）	
1.5.1.1	地下屋面构造工程			地下屋面面积		m²		金额（元）÷地下屋面工程（元）	

表 A-07-01（续）

序号	名称	金额（元）	单位指标	相关指标				造价占比（%）	备注
				相关基数	数量	单位	相关单位指标（元/单位）		
		A	B			C	D=A÷C		
1.5.1.2	地下屋面铺装工程			地下屋面面积		m²		金额（元）÷地下屋面工程（元）	
1.5.1.3	地下屋面其他工程			地下屋面面积		m²		金额（元）÷地下屋面工程（元）	
1.5.2	地上屋面工程			地上屋面面积		m²		金额（元）÷屋面工程（不含防水保温）（元）	
1.5.2.1	地上屋面构造工程			地上屋面面积		m²		金额（元）÷地上屋面工程（元）	
1.5.2.2	地上屋面铺装工程			地上屋面面积		m²		金额（元）÷地上屋面工程（元）	
1.5.2.3	地上屋面其他工程			地上屋面面积		m²		金额（元）÷地上屋面工程（元）	
1.6	门窗工程							金额（元）÷建筑工程（元）	不包括精装区域内的门窗、依附于外墙的门窗和外幕墙中的门窗工程
1.6.1	地下门窗工程			地下建筑面积		m²		金额（元）÷门窗工程（元）	
1.6.1.1	地下防火门窗			地下建筑面积		m²		金额（元）÷地下门窗工程（元）	

128

序号	名称	金额（元）	单位指标	相关指标				造价占比（%）	备注
				相关基数	数量	单位	相关单位指标（元/单位）		
		A	B		C		D=A÷C		
1.6.1.2	地下普通门窗			地下建筑面积		m²		金额（元）÷地下门窗工程（元）	
1.6.1.3	地下特殊门窗			地下建筑面积		m²		金额（元）÷地下门窗工程（元）	
1.6.1.4	地下人防门			地下人防面积		m²		金额（元）÷地下门窗工程（元）	
1.6.1.5	地下特种门			地下建筑面积		m²		金额（元）÷地下门窗工程（元）	
1.6.2	地上门窗工程			地上建筑面积		m²		金额（元）÷门窗工程（元）	
1.6.2.1	地上防火门窗			地上建筑面积		m²		金额（元）÷地上门窗工程（元）	
1.6.2.2	地上普通门窗			地上建筑面积		m²		金额（元）÷地上门窗工程（元）	
1.6.2.3	地上特殊门窗			地上建筑面积		m²		金额（元）÷地上门窗工程（元）	
1.6.2.4	地上特种门			地上建筑面积		m²		金额（元）÷地上门窗工程（元）	
2	装饰工程							金额（元）÷单项工程1（元）	
2.1	外立面工程			外立面面积		m²		金额（元）÷装饰工程（元）	外立面面积：建筑物各层外周长与各层层高乘积之和

序号	名称	金额（元）	单位指标	相关指标				造价占比（%）	备注
				相关基数	数量	单位	相关单位指标（元/单位）		
		A	B			C	D=A÷C		
2.1.1	外立面饰面工程			外立面饰面面积		m²		金额（元）÷外立面装饰（元）	下级工程量之和
2.1.1.1	外立面涂料			外立面涂料面积		m²		金额（元）÷外立面饰面工程（元）	
2.1.1.2	外立面墙砖			外立面墙砖面积		m²		金额（元）÷外立面饰面工程（元）	
2.1.1.3	外立面装饰板			外立面装饰板面积		m²		金额（元）÷外立面饰面工程（元）	
2.1.2	外立面幕墙及门窗工程			外立面幕墙面积		m²		金额（元）÷外立面装饰（元）	
2.1.2.1	玻璃幕墙			玻璃幕墙面积		m²		金额（元）÷外立面幕墙工程（元）	
2.1.2.2	石材幕墙			石材幕墙面积		m²		金额（元）÷外立面幕墙工程（元）	
2.1.2.3	金属幕墙			金属幕墙面积		m²		金额（元）÷外立面幕墙工程（元）	
2.1.2.4	采光中庭			中庭面积		m²		金额（元）÷外立面幕墙工程（元）	
2.1.2.5	雨篷及门廊			雨篷面积		m²		金额（元）÷外立面幕墙工程（元）	

表 A–07–01（续）

序号	名称	金额（元）	单位指标	相关指标				造价占比（%）	备注
				相关基数	数量	单位	相关单位指标（元/单位）		
		A	B		C		D=A÷C		
2.1.2.6	外门窗			外门窗面积		m²		金额（元）÷外立面幕墙工程（元）	
2.1.2.7	其他			外立面幕墙面积		m²		金额（元）÷外立面幕墙工程（元）	
2.2	室内装饰工程							金额（元）÷装饰工程（元）	
2.2.1	未区分区域的室内装饰工程							金额（元）÷室内装饰工程（元）	数据源中无法按功能区提取的装饰工程造价
2.2.2	功能区域1			区域面积		m²		金额（元）÷室内装饰工程（元）	区域面积：该区域地面面层铺贴面积
2.2.3	功能区域2			区域面积		m²		金额（元）÷室内装饰工程（元）	区域面积：该区域地面面层铺贴面积
2.2.4	功能区域3			区域面积		m²		金额（元）÷室内装饰工程（元）	区域面积：该区域地面面层铺贴面积
2.2.5	……			区域面积		m²		金额（元）÷室内装饰工程（元）	区域面积：该区域地面面层铺贴面积

131

表 A-07-01（续）

序号	名称	金额（元）	单位指标	相关指标				造价占比（%）	备注
				相关基数	数量	单位	相关单位指标（元/单位）		
		A	B		C		D=A÷C		
3	机电安装工程							金额（元）÷单项工程1（元）	
3.1	电气工程							金额（元）÷机电安装工程（元）	
3.1.1	电气动力工程							金额（元）÷电气工程（元）	
3.1.2	电气照明工程							金额（元）÷电气工程（元）	
3.1.3	变配电工程			装机容量		kW		金额（元）÷电气工程（元）	相关性指标中只填写装机容量，不需要填写造价指标
3.1.4	应急发电工程			装机容量		kW		金额（元）÷电气工程（元）	
3.1.5	防雷接地工程							金额（元）÷电气工程（元）	
3.2	电梯工程							金额（元）÷机电安装工程（元）	
3.2.1	非观光客货梯			非观光客货梯台数		台		金额（元）÷电梯工程（元）	相关性指标中只填写电梯台数，不需要填写造价指标
3.2.2	观光梯			观光梯台数		台		金额（元）÷电梯工程（元）	
3.2.3	自动扶梯			自动扶梯台数		台		金额（元）÷电梯工程（元）	
3.2.4	自动步行梯			自动步行梯台数		台		金额（元）÷电梯工程（元）	

表 A-07-01（续）

序号	名称	金额（元）	单位指标	相关指标				造价占比（%）	备注
				相关基数	数量	单位	相关单位指标（元/单位）		
		A	B		C		D=A÷C		
3.3	建筑智能及通信工程							金额（元）÷机电安装工程（元）	
3.3.1	弱电预留预埋							金额（元）÷建筑智能及通信工程（元）	
3.3.2	建筑智能控制系统			点数		个		金额（元）÷建筑智能及通信工程（元）	
3.3.3	电话和网络系统			出线口数量		个		金额（元）÷建筑智能及通信工程（元）	
3.3.4	视频监控系统			监控点数		个		金额（元）÷建筑智能及通信工程（元）	
3.3.5	门禁管理系统			出入口个数		个		金额（元）÷建筑智能及通信工程（元）	
3.3.6	访客管理系统							金额（元）÷建筑智能及通信工程（元）	
3.3.7	巡更管理系统			巡更点位数		个		金额（元）÷建筑智能及通信工程（元）	
3.3.8	无线对讲系统			对讲机个数		个		金额（元）÷建筑智能及通信工程（元）	
3.3.9	残卫报警系统			残卫报警按钮个数		个		金额（元）÷建筑智能及通信工程（元）	

表 A-07-01（续）

序号	名称	金额（元）	单位指标	相关指标				造价占比（%）	备注
				相关基数	数量	单位	相关单位指标（元/单位）		
		A	B		C		D=A÷C		
3.3.10	视频展示系统			视频出线口数		个		金额（元）÷建筑智能及通信工程（元）	
3.3.11	背景音乐系统			音箱点数		个		金额（元）÷建筑智能及通信工程（元）	
3.3.12	能源管理系统			监控点数		个		金额（元）÷建筑智能及通信工程（元）	
3.3.13	电梯五方对讲系统			轿厢数量		个		金额（元）÷建筑智能及通信工程（元）	
3.3.14	弱电备用电源			装机容量		kW		金额（元）÷建筑智能及通信工程（元）	
3.3.15	网络机房环境监控系统			监控点数		个		金额（元）÷建筑智能及通信工程（元）	
3.3.16	停车场管理系统			停车位数量		个		金额（元）÷建筑智能及通信工程（元）	
3.3.17	会议音视频系统			会议室面积		m²		金额（元）÷建筑智能及通信工程（元）	
3.3.18	……			弱电点数		个		金额（元）÷建筑智能及通信工程（元）	
3.4	给水排水工程							金额（元）÷机电安装工程（元）	

序号	名称	金额（元）	单位指标	相关指标				造价占比（%）	备注
				相关基数	数量	单位	相关单位指标（元/单位）		
		A	B		C		D=A÷C		
3.4.1	给水工程							金额（元）÷给水排水工程（元）	
3.4.2	中水工程							金额（元）÷给水排水工程（元）	
3.4.3	热水工程							金额（元）÷给水排水工程（元）	
3.4.4	直饮水工程							金额（元）÷给水排水工程（元）	
3.4.5	排水工程							金额（元）÷给水排水工程（元）	
3.4.6	压力排水工程							金额（元）÷给水排水工程（元）	
3.4.7	雨水工程							金额（元）÷给水排水工程（元）	
3.5	消防工程							金额（元）÷机电安装工程（元）	
3.5.1	喷淋工程			喷淋区域面积		m²		金额（元）÷消防工程（元）	设置喷淋区域面积之和
3.5.2	消火栓工程			消火栓区域面积		m²		金额（元）÷消防工程（元）	设置消火栓区域面积之和
3.5.3	气体灭火工程			气体灭火区域面积		m²		金额（元）÷消防工程（元）	设置气体灭火区域面积之和

序号	名称	金额（元）	单位指标	相关指标				造价占比（%）	备注
				相关基数	数量	单位	相关单位指标（元/单位）		
		A	B	C			D=A÷C		
3.5.4	泡沫灭火工程			泡沫灭火区域面积		m²		金额（元）÷消防工程（元）	设置泡沫灭火区域面积之和
3.5.5	消防预留预埋							金额（元）÷消防工程（元）	
3.5.6	火灾自动报警工程			火灾自动报警区域面积		m²		金额（元）÷消防工程（元）	
3.6	采暖工程							金额（元）÷机电安装工程（元）	
3.6.1	散热器采暖工程			散热器采暖面积		m²		金额（元）÷采暖工程（元）	设置散热器房间面积之和
3.6.2	地板采暖工程			地板采暖面积		m²		金额（元）÷采暖工程（元）	设置地暖区域面积之和
3.7	通风空调工程							金额（元）÷机电安装工程（元）	
3.7.1	空调风工程			空调区域面积		m²		金额（元）÷通风空调工程（元）	设置空调区域面积之和
3.7.2	空调水工程			空调区域面积		m²		金额（元）÷通风空调工程（元）	设置空调区域面积之和
3.7.3	送排风工程			送排风区域面积		m²		金额（元）÷通风空调工程（元）	设置送排风区域面积之和

表 A-07-01（续）

序号	名称	金额（元）	单位指标	相关指标				造价占比（%）	备注
				相关基数	数量	单位	相关单位指标（元/单位）		
		A	B		C		D=A÷C		
3.7.4	防排烟工程（含排烟、加压、消防补风）			防排烟区域面积		m²		金额（元）÷通风空调工程（元）	设置防排烟区域面积之和
3.7.5	排油烟工程			厨房面积		m²		金额（元）÷通风空调工程（元）	厨房面积之和
3.7.6	空调水预留预埋			空调区域面积		m²		金额（元）÷通风空调工程（元）	设置空调区域面积之和
3.8	燃气工程			厨房面积		m²		金额（元）÷机电安装工程（元）	厨房面积之和
4	措施费							金额（元）÷单项工程1（元）	本《指南》措施费仅为示意，使用人可根据项目实际情况自行列项
4.1	脚手架工程							金额（元）÷可计量措施费（元）	
4.1.1	建筑脚手架							金额（元）÷脚手架工程（元）	
4.1.2	总包一次装饰脚手架			总包装修面积		m²		金额（元）÷脚手架工程（元）	
4.1.3	精装脚手架			精装面积		m²		金额（元）÷脚手架工程（元）	

序号	名称	金额（元）	单位指标	相关指标				造价占比（%）	备注
				相关基数	数量	单位	相关单位指标（元/单位）		
		A	B		C		D=A÷C		
4.1.4	安装工程脚手架							金额（元）÷脚手架工程（元）	
4.2	混凝土模板及支架工程							金额（元）÷可计量措施费（元）	
4.2.1	地下模板工程			地下建筑面积		m²		金额（元）÷混凝土模板及支架工程（元）	
4.2.2	地上模板工程			地上建筑面积		m²		金额（元）÷混凝土模板及支架工程（元）	
4.3	垂直运输							金额（元）÷可计量措施费（元）	
4.4	超高施工增加							金额（元）÷可计量措施费（元）	包括建筑及安装工程超高施工增加费
4.5	大型机械设备进出场及安拆							金额（元）÷可计量措施费（元）	
4.6	施工排水、降水							金额（元）÷可计量措施费（元）	
4.7	安全文明施工							金额（元）÷不可计量措施费（元）	

序号	名称	金额（元）	单位指标	相关指标				造价占比（%）	备注
				相关基数	数量	单位	相关单位指标（元/单位）		
		A	B		C		D=A÷C		
4.8	特殊或重大措施							金额（元）÷不可计量措施费（元）	包括：高支模、特殊吊装方案、挑檐搭设方案等
4.9	其他不可计量措施							金额（元）÷不可计量措施费（元）	上述范围外所涉及内容
5	其他工程							金额（元）÷单项工程1工程（元）	
5.1	泛光照明工程			外立面面积		m²		金额（元）÷其他工程（元）	
5.2	标志标线			建筑面积		m²		金额（元）÷其他工程（元）	
5.3	停车场充电桩系统			充电桩数量		个		金额（元）÷其他工程（元）	
5.4	擦窗机			擦窗机个数		个		金额（元）÷其他工程（元）	
5.5	地源热泵工程			冷/热负荷		kW		金额（元）÷其他工程（元）	
5.N	……							金额（元）÷其他工程（元）	
6	生产、运营期设备购置及安装费							金额（元）÷单项工程1工程（元）	

表 A–07–02 红线内室外工程工程造价指标明细表

序号	名称	金额（元）	单位指标	相关指标				造价占比（%）	备注
				相关基数	数量	单位	相关单位指标（元/单位）		
		A	B		C		D=A÷C		
1	红线内室外工程							100	
1.1	室外电力工程			室外面积		m²	金额（元）÷红线内室外工程（元）		室外面积指建设用地面积扣减筑物首层建筑面积
1.1.1	室外变配电工程			室外面积		m²	金额（元）÷室外电力工程（元）		
1.1.2	室外线路工程			室外面积		m²	金额（元）÷室外电力工程（元）		
1.2	室外智能化系统						金额（元）÷红线内室外工程（元）		
1.2.1	室外安防系统			室外面积		m²	金额（元）÷室外智能化系统（元）		
1.2.2	室外综合布线系统			室外面积		m²	金额（元）÷室外智能化系统（元）		
1.2.3	室外广播系统（背景音乐）			室外面积		m²	金额（元）÷室外智能化系统（元）		
1.2.4	室外停车场系统			室外面积		m²	金额（元）÷室外智能化系统（元）		
1.2.N	……			室外面积		m²	金额（元）÷室外智能化系统（元）		

序号	名称	金额（元）	单位指标	相关指标				造价占比（%）	备注
				相关基数	数量	单位	相关单位指标（元/单位）		
		A	B		C		D=A÷C		
1.3	室外给水工程			室外面积		m²		金额（元）÷红线内室外工程（元）	
1.4	室外中水工程			室外面积		m²		金额（元）÷红线内室外工程（元）	
1.5	室外消防工程			室外面积		m²		金额（元）÷红线内室外工程（元）	
1.6	室外雨污水工程			室外面积		m²		金额（元）÷红线内室外工程（元）	
1.7	室外热力工程			室外面积		m²		金额（元）÷红线内室外工程（元）	
1.8	室外燃气工程			室外面积		m²		金额（元）÷红线内室外工程（元）	
1.9	室外道路工程			室外道路面积		m²		金额（元）÷红线内室外工程（元）	室外道路面积指室外面积扣减园林绿化面积
1.9.1	人行道			人行道面积		m²		金额（元）÷室外道路工程（元）	
1.9.2	车行道			车行道面积		m²		金额（元）÷室外道路工程（元）	

序号	名称	金额（元）	单位指标	相关指标				造价占比（%）	备注
				相关基数	数量	单位	相关单位指标（元/单位）		
		A	B		C		D=A÷C		
1.10	园林绿化工程			园林绿化面积		m²		金额（元）÷红线内室外工程（元）	园林绿化面积指景观面积（含硬景＋软景面积）
1.10.1	硬景工程			硬景面积		m²		金额（元）÷园林绿化工程（元）	硬景指在整个园林景观单元中，有铺装、建造、木作、机电等方法造就的景观元素，如亭、台、廊、榭、景
1.10.2	软景工程			软景面积		m²		金额（元）÷园林绿化工程（元）	软景指与应景搭配的以植物造就的景观
1.10.3	水景工程							金额（元）÷园林绿化工程（元）	
1.10.4	景观电气工程							金额（元）÷园林绿化工程（元）	
1.10.5	喷灌工程			喷灌面积		m²		金额（元）÷园林绿化工程（元）	

序号	名称	金额（元）	单位指标	相关指标				造价占比（%）	备注
				相关基数	数量	单位	相关单位指标（元/单位）		
		A	B		C		D=A÷C		
1.11	门卫及围墙工程			围墙长度		m		金额（元）÷红线内室外工程（元）	
1.11.1	大门			大门个数		个		金额（元）÷门卫及围墙工程（元）	
1.11.2	警卫室			警卫室个数		个		金额（元）÷门卫及围墙工程（元）	
1.11.3	围墙长度			围墙长度		m		金额（元）÷门卫及围墙工程（元）	

表 A–07–03　建设工程其他费用和预备费经济指标表

序号	名称	金额（元）	单位指标	相关指标				造价占比（%）	备注
				相关基数	数量	单位	相关单位指标（元/单位）		
		A	B		C		D=A÷C		
1	工程建设其他费用			工程费用		元		100	
1.1	土地使用费和其他补偿费			建设用地面积		m²		金额（元）÷工程建设其他费用（元）	
1.1.1	建设用地费			建设用地面积		m²		金额（元）÷土地使用费和其他补偿费（元）	
1.1.2	临时土地使用费			建设用地面积		m²		金额（元）÷土地使用费和其他补偿费（元）	

表 A-07-03（续）

序号	名称	金额（元）	单位指标	相关指标				造价占比（%）	备注
				相关基数	数量	单位	相关单位指标（元/单位）		
		A	B		C		D=A÷C		
1.1.3	其他有关费用			建设用地面积		m²		金额（元）÷土地使用费和其他补偿费（元）	
1.2	建设管理费			工程费用		元		金额（元）÷工程建设其他费用（元）	
1.2.1	建设单位管理费			工程费用		元		金额（元）÷建设管理费（元）	
1.2.2	代建管理费			工程费用		元		金额（元）÷建设管理费（元）	
1.2.3	工程监理费			工程费用		元		金额（元）÷建设管理费（元）	
1.2.4	监造费			工程费用		元		金额（元）÷建设管理费（元）	
1.2.5	招标投标费			工程费用		元		金额（元）÷建设管理费（元）	
1.2.6	设计评审费			工程费用		元		金额（元）÷建设管理费（元）	
1.2.7	特殊项目定额研究及测定费			工程费用		元		金额（元）÷建设管理费（元）	
1.2.8	其他咨询			工程费用		元		金额（元）÷建设管理费（元）	
1.2.9	印花税			工程费用		元		金额（元）÷建设管理费（元）	
……	……			工程费用		元		金额（元）÷建设管理费（元）	
1.3	可行性研究费			工程费用		元		金额（元）÷工程建设其他费用（元）	

144

序号	名称	金额（元）	单位指标	相关指标			造价占比（%）	备注
				相关基数	数量	单位	相关单位指标（元/单位）	
		A	B		C		D=A÷C	
1.4	专项评价费			工程费用		元		金额（元）÷工程建设其他费用（元）	
1.4.1	环境影响评价及验收费			工程费用		元		金额（元）÷专项评价费（元）	
1.4.2	安全预评价及验收费			工程费用		元		金额（元）÷专项评价费（元）	
1.4.3	职业病危害预评价及控制效果评价费			工程费用		元		金额（元）÷专项评价费（元）	
1.4.4	地震安全性评价费			工程费用		元		金额（元）÷专项评价费（元）	
1.4.5	地质灾害危险性评价费			工程费用		元		金额（元）÷专项评价费（元）	
1.4.6	水土保持评价及验收费			工程费用		元		金额（元）÷专项评价费（元）	
1.4.7	压覆矿产资源评价费			工程费用		元		金额（元）÷专项评价费（元）	
1.4.8	节能评估费			工程费用		元		金额（元）÷专项评价费（元）	
1.4.9	危险与可操作性分析及安全完整性评价费			工程费用		元		金额（元）÷专项评价费（元）	
……	……			工程费用		元		金额（元）÷专项评价费（元）	
1.5	研究试验费			工程费用		元		金额（元）÷工程建设其他费用（元）	

表 A–07–03（续）

序号	名称	金额（元）	单位指标	相关指标				造价占比（％）	备注
				相关基数	数量	单位	相关单位指标（元/单位）		
		A	B			C	D=A÷C		
1.6	勘察设计费			建筑面积		m²		金额（元）÷工程建设其他费用（元）	
1.6.1	勘察费			建筑面积		m²		金额（元）÷勘察设计费（元）	
1.6.2	设计费			建筑面积		m²		金额（元）÷勘察设计费（元）	
1.7	场地准备费和临时设施费			建设用地面积		m²		金额（元）÷工程建设其他费用（元）	
1.8	引进技术和进口设备材料其他费			工程费用		元		金额（元）÷工程建设其他费用（元）	
1.8.1	图纸资料翻译复制费			工程费用		元		金额（元）÷引进技术和进口设备材料其他费（元）	
1.8.2	备品备件测绘费			工程费用		元		金额（元）÷引进技术和进口设备材料其他费（元）	
1.8.3	出国人员费用			工程费用		元		金额（元）÷引进技术和进口设备材料其他费（元）	
1.8.4	来华人员费用			工程费用		元		金额（元）÷引进技术和进口设备材料其他费（元）	

146

表 A–07–03（续）

序号	名称	金额（元）	单位指标	相关指标				造价占比（%）	备注
				相关基数	数量	单位	相关单位指标（元/单位）		
		A	B		C		D=A÷C		
1.8.5	银行担保及承诺费			工程费用		元		金额（元）÷引进技术和进口设备材料其他费（元）	
1.8.6	进口设备材料国内检验费			工程费用		元		金额（元）÷引进技术和进口设备材料其他费（元）	
……	……			工程费用		元		金额（元）÷引进技术和进口设备材料其他费（元）	
1.9	特殊设备安全监督检验费			工程费用		元		金额（元）÷工程建设其他费用（元）	
1.10	市政公用配套设施费			建筑面积		m²		金额（元）÷工程建设其他费用（元）	
1.11	联合试运转费			工程费用		元		金额（元）÷工程建设其他费用（元）	
1.12	工程保险费			工程费用		元		金额（元）÷工程建设其他费用（元）	
1.13	专利及专有技术使用费			工程费用		元		金额（元）÷工程建设其他费用（元）	
1.13.1	工艺包装费			工程费用		元		金额（元）÷专利及专有技术使用费（元）	

147

序号	名称	金额（元）	单位指标	相关指标				造价占比（%）	备注
				相关基数	数量	单位	相关单位指标（元/单位）		
		A	B		C		D=A÷C		
1.13.2	设计及技术资料费			工程费用		元		金额（元）÷专利及专有技术使用费（元）	
1.13.3	有效专利、专有技术使用费			工程费用		元		金额（元）÷专利及专有技术使用费（元）	
1.13.4	技术保密费和技术服务费等			工程费用		元		金额（元）÷专利及专有技术使用费（元）	
1.13.5	商标权、商誉和特许经营权费			工程费用		元		金额（元）÷专利及专有技术使用费（元）	
1.13.6	软件费			工程费用		元		金额（元）÷专利及专有技术使用费（元）	
……	……			工程费用		元		金额（元）÷专利及专有技术使用费（元）	
1.14	生产准备费			工程费用		元		金额（元）÷工程建设其他费用（元）	
1.15	其他费用			工程费用		元		金额（元）÷工程建设其他费用（元）	
2	预备费			工程费用		元		100	
2.1	基本预备费			工程费用		元		金额（元）÷预备费（元）	
2.2	价差预备费			工程费用		元		金额（元）÷预备费（元）	

A-08 主要工程量指标表（表 A-08-01）

表 A-08-01 单项工程主要工程量指标表（通用表）

序号	名称	计量单位	工程量	单位指标	相关指标				备注
					相关基数	数量	单位	相关单位指标	
			A	B		C		D=A÷C	
1	建筑工程								此行不提工程量及指标
1.1	土石方、地基与桩基础工程								此行不提工程量及指标
1.1.1	地基与桩基础工程								此行不提工程量及指标
1.1.1.1	桩基础混凝土	m^3			地基处理面积		m^3/m^2		
1.1.1.2	桩基础钢筋	t			桩混凝土		kg/m^3		
1.1.1.3	换填材料	m^3			地基处理面积		m^3/m^2		
1.1.1.4	振密处理面积	m^2			地基处理面积		m^2/m^2		
1.1.1.5	注浆地基加固体积	m^3			地基处理面积		m^3/m^2		
1.1.2	土石方工程								此行不提工程量及指标
1.1.2.1	土石方开挖	m^3							
1.1.2.2	填方	m^3			挖方量		m^3/m^3		
1.1.3	土石方工程措施项目								此行不提工程量及指标
1.1.3.1	边坡支护工程								此行不提工程量及指标
1.1.3.1.1	地下连续墙	m^3			护坡面积		m^3/m^2		

序号	名称	计量单位	工程量	单位指标	相关指标				备注
					相关基数	数量	单位	相关单位指标	
			A	B		C		D=A÷C	
1.1.3.1.2	护坡桩	m³			护坡面积		m³/m²		
1.1.3.1.2.1	现浇钢筋混凝土桩	m³			护坡面积		m³/m²		
1.1.3.1.2.2	预制钢筋混凝土桩	m³			护坡面积		m³/m²		
1.1.3.1.2.3	型钢桩钢管护坡桩	t			护坡面积		kg/m²		
1.1.3.1.2.4	钢板桩	t			护坡面积		kg/m²		
1.1.3.1.2.5	圆木桩	m³			护坡面积		m³/m²		
1.1.3.1.3	钢筋混凝土支撑	m³			地下室面积		m³/m²		
1.1.3.1.4	钢支撑	t			地下室面积		kg/m²		
1.1.4	土石方工程其他费用								此行不提工程量及指标
1.2	结构工程								此行不提工程量及指标
1.2.1.1	地下结构工程								此行不提工程量及指标
1.2.1.1.1	地下砌筑工程	m³			地下建筑面积		m³/m²		
1.2.1.1.1.1	砖砌体	m³			地下建筑面积		m³/m²		
1.2.1.1.1.2	砌块砌体	m³			地下建筑面积		m³/m²		
1.2.1.1.2	地下钢筋工程	t			地下建筑面积		kg/m²		
					地下混凝土总量		kg/m³		钢混比（地下）
1.2.1.1.2.1	结构普通钢筋	t			地下建筑面积		kg/m²		
					地下混凝土总量		kg/m³		钢混比（地下）

序号	名称	计量单位	工程量		单位指标	相关指标				备注
						相关基数	数量	单位	相关单位指标	
			A	B			C		D=A÷C	
1.2.1.1.2.2	预应力钢筋及锚（索）具	t				地下预应力混凝土量		kg/m³		钢混比（地下）
1.2.1.1.3	地下现浇混凝土工程	m³				地下建筑面积		m³/m²		
1.2.1.1.3.1	普通混凝土	m³				地下建筑面积		m³/m²		
1.2.1.1.3.2	预应力混凝土	m³								
1.2.1.1.4	地下模板	m²				地下建筑面积		m²/m²		模混比（地下）
						地下混凝土总量		m²/m³		
1.2.1.1.5	地下金属结构工程	t				地下建筑面积		kg/m²		
1.2.1.1.5.1	钢柱	t				地下建筑面积		kg/m²		包含劲性柱的钢含量
1.2.1.1.5.2	钢梁	t				地下建筑面积		kg/m²		包含劲性梁的钢含量
1.2.1.1.5.3	钢板	t				地下建筑面积		kg/m²		
1.2.1.1.5.4	钢桁架	t				地下建筑面积		kg/m²		
1.2.1.1.5.5	钢支撑	t				地下建筑面积		kg/m²		
1.2.1.1.5.6	钢楼梯与钢平台	t				地下建筑面积		kg/m²		
1.2.1.1.5.7	预埋件	t				地下建筑面积		kg/m²		
1.2.1.1.5.8	其他金属构件	t				地下建筑面积		kg/m²		
1.2.1.1.6	地下预制混凝土工程	m³				地下建筑面积		m³/m²		
1.2.1.1.7	地下结构其他工程									此行不提工程量及指标

序号	名称	计量单位	工程量	单位指标	相关指标				备注
					相关基数	数量	单位	相关单位指标	
			A	B		C		D=A÷C	
1.2.1.2	地上结构工程								此行不提工程量及指标
1.2.1.2.1	地上砌筑工程	m³			地上建筑面积		m³/m²		
1.2.1.2.1.1	砖砌体	m³			地上建筑面积		m³/m²		
1.2.1.2.1.2	砌块砌体	m³			地上建筑面积		m³/m²		
1.2.1.2.2	地上钢筋工程	t			地上建筑面积		kg/m²		
					地上混凝土总量		kg/m³		钢混比（地上）
1.2.1.2.2.1	结构普通钢筋	t			地上建筑面积		kg/m²		
					地上混凝土总量		kg/m³		钢混比（地上）
1.2.1.2.2.2	预应力钢筋及锚（索）具	t			地上预应力混凝土量		kg/m³		钢混比（地上）
1.2.1.2.3	地上混凝土工程	m³			地上建筑面积		m³/m²		
1.2.1.2.3.1	普通混凝土	m³			地上建筑面积		m³/m²		
1.2.1.2.3.2	预应力混凝土	m³							
1.2.1.2.4	地上模板	m²			地上建筑面积		m²/m²		
					地上混凝土总量		m²/m³		模混比（地上）
1.2.1.2.5	地上金属结构工程	t			地上建筑面积		kg/m²		
1.2.1.2.5.1	钢柱	t			地上建筑面积		kg/m²		包含劲性柱的钢含量

序号	名称	计量单位	工程量	单位指标	相关指标				备注
					相关基数	数量	单位	相关单位指标	
		A	B			C		D=A÷C	
1.2.1.2.5.2	钢梁	t			地上建筑面积		kg/m²		包含劲性梁的钢含量
1.2.1.2.5.3	钢板	t			地上建筑面积		kg/m²		
1.2.1.2.5.4	钢桁架	t			地上建筑面积		kg/m²		
1.2.1.2.5.5	钢支撑	t			地上建筑面积		kg/m²		
1.2.1.2.5.6	钢楼梯与钢平台	t			地上建筑面积		kg/m²		
1.2.1.2.5.7	预埋件	t			地上建筑面积		kg/m²		
1.2.1.2.5.8	其他金属构件	t			地上建筑面积		kg/m²		
1.2.1.2.6	地上预制混凝土工程	m³			地上建筑面积		m³/m²		
1.2.1.2.7	地上结构其他工程								此行不提工程量及指标
1.3	防水工程								此行不提工程量及指标
1.4	保温工程								此行不提工程量及指标
1.5	屋面工程（不含防水保温）								此行不提工程量及指标
1.5.1	地下屋面工程								此行不提工程量及指标

153

序号	名称	计量单位	工程量	单位指标	相关指标				备注
					相关基数	数量	单位	相关单位指标	
			A	B		C		D=A÷C	
1.5.1.1	地下屋面构造工程								此行不提工程量及指标
1.5.1.2	地下屋面铺装工程	m²			地下建筑面积		m²/m²		
1.5.1.3	地下屋面其他工程								此行不提工程量及指标
1.5.2	地上屋面工程								此行不提工程量及指标
1.5.2.1	地上屋面构造工程								此行不提工程量及指标
1.5.2.2	地上屋面铺装工程	m²			地上建筑面积		m²/m²		
1.5.2.3	地上屋面其他工程								此行不提工程量及指标
1.6	门窗工程								不包括精装区域内的门窗、依附于外墙的门窗和外幕墙中的门窗工程
1.6.1	地下门窗工程								此行不提工程量及指标
1.6.1.1	地下防火门窗	m²			地下建筑面积		m²/m²		

序号	名称	计量单位	工程量	单位指标	相关指标				备注
					相关基数	数量	单位	相关单位指标	
			A	B		C		D=A÷C	
1.6.1.1.1	防火门	m²			地下建筑面积		m²/m²		
1.6.1.1.2	防火卷帘门	m²			地下建筑面积		m²/m²		
1.6.1.1.3	防火窗	m²			地下建筑面积		m²/m²		
1.6.1.2	地下普通门窗	m²			地下建筑面积		m²/m²		
1.6.1.2.1	普通门	m²			地下建筑面积		m²/m²		
1.6.1.2.2	普通窗	m²			地下建筑面积		m²/m²		
1.6.1.3	特殊门窗								此行不提工程量及指标
1.6.1.4	人防门	m²			地下建筑面积		m²/m²		
1.6.1.5	特种门	m²			地下建筑面积		m²/m²		
1.6.2	地上门窗工程								此行不提工程量及指标
1.6.2.1	地上防火门窗	m²			地上建筑面积		m²/m²		
1.6.2.1.1	防火门	m²			地上建筑面积		m²/m²		
1.6.2.1.2	防火卷帘门	m²			地上建筑面积		m²/m²		
1.6.2.1.3	防火窗	m²			地上建筑面积		m²/m²		
1.6.2.2	地上普通门窗	m²			地上建筑面积		m²/m²		
1.6.2.2.1	普通门	m²			地上建筑面积		m²/m²		
1.6.2.2.2	普通窗	m²			地上建筑面积		m²/m²		
1.6.2.3	地上特殊门窗	m²			地上建筑面积		m²/m²		
1.6.2.4	地上特种门	m²			地上建筑面积		m²/m²		

序号	名称	计量单位	工程量	单位指标	相关指标				备注
					相关基数	数量	单位	相关单位指标	
			A	B		C		D=A÷C	
2	装饰工程								此行不提工程量及指标
2.1	外立面装饰	m²							
2.1.1	外立面饰面工程	m²			地上建筑面积		m²/m²		外立面墙地比
2.1.1.1	外立面涂料	m²			外立面装修面积		m²/m²		
2.1.1.2	外立面墙砖	m²			外立面装修面积		m²/m²		
2.1.1.3	外立面装饰板	m²			外立面装修面积		m²/m²		
2.1.2	外立面幕墙及门窗工程	m²							
2.1.2.1	玻璃幕墙	m²			外立面幕墙面积		m²/m²		
2.1.2.2	石材幕墙	m²			外立面幕墙面积		m²/m²		
2.1.2.3	金属幕墙	m²			外立面幕墙面积		m²/m²		
2.1.2.4	采光中庭								此行不提工程量及指标
2.1.2.5	雨篷及门廊	m²			外立面幕墙面积		m²/m²		
2.1.2.6	地上外门窗	m²			外立面面积		m²/m²		窗墙比
2.2	室内装饰工程								此行不提工程量及指标
3	安装工程								此行不提工程量及指标
3.1	电气工程								此行不提工程量及指标

表 A–08–01（续）

序号	名称	计量单位	工程量	单位指标	相关指标				备注
					相关基数	数量	单位	相关单位指标	
			A	B		C		D=A÷C	
3.1.1	照明支路配管长度（明暗）	m			照明支路配管长度		m/m		
3.1.2	照明支路导线长度	m							
3.1.3	照明灯具开关插座数量	个			照明灯具开关插座数量		m/个		
3.2	消防工程								此行不提工程量及指标
3.2.1	消火栓数量	套			消火栓数量		m/套		
3.2.2	消火栓管道长度	m							
3.2.3	喷头数量	个			喷头数量		m/个		
3.2.4	喷淋管道长度	m							
3.2.5	消防电气联动点位数量	个			消防电气联动点位数量		m/个		
3.2.6	消防电气联动报警线	m							
3.3	通风空调工程								此行不提工程量及指标
3.3.1	空调风管面积	m²			建筑面积		m²/m²		
3.3.2	空调水管长度	m			建筑面积		m/m²		

157

A-08-02 单项工程主要工程量指标表（工程分类表）

A-08-02-01 单项工程主要工程量指标表（民用建筑）（表 A-08-02-01-01 ~ 表 A-08-02-01-04，表 A-08-02-01-05-01 ~ 表 A-08-02-01-05-01-07，表 A-08-02-01-05-01，表 A-08-02-06-02，表 A-08-02-01-07-01 ~ 表 A-08-02-01-07-03，表 A-08-02-01-08，表 A-08-02-01-09-01）

表 A-08-02-01-01 单项工程主要工程量指标表（居住建筑）

序号	名称	计量单位	工程量	单位指标	相关指标				备注
					相关基数	数量	单位	相关单位指标	
			A	B		C		D=A÷C	
1	精装修总区域占比	m²			总建筑面积		m²/m²		
2	各功能房间区域占比	m²					m²/m²		
2.1	电梯厅	m²			总精装修面积		m²/m²		
2.1.1	地下部分	m²			电梯厅精装面积		m²/m²		
2.1.2	地上部分	m²			电梯厅精装面积		m²/m²		
2.2	楼梯间	m²			总精装修面积		m²/m²		
2.2.1	地下部分	m²			楼梯间精装面积		m²/m²		
2.2.2	地上部分	m²			楼梯间精装面积		m²/m²		
2.3	合用前室、楼梯前室	m²			总精装修面积		m²/m²		
2.3.1	地下部分	m²			合用前室、楼梯前室精装面积		m²/m²		
2.3.2	地上部分	m²			合用前室、楼梯前室精装面积		m²/m²		
2.4	大堂	m²			总精装修面积		m²/m²		
2.4.1	地下部分	m²			大堂精装面积		m²/m²		
2.4.2	地上部分	m²			大堂精装面积		m²/m²		
2.5	公共走道	m²			总精装修面积		m²/m²		

序号	名称	计量单位	工程量	单位指标	相关指标				备注
					相关基数	数量	单位	相关单位指标	
			A	B		C		D=A÷C	
2.5.1	地下部分	m²			公共走道精装面积		m²/m²		
2.5.2	地上部分	m²			公共走道精装面积		m²/m²		
2.6	卫生间	m²			总精装修面积		m²/m²		
2.7	厨房	m²			总精装修面积		m²/m²		
2.8	客厅、餐厅	m²			总精装修面积		m²/m²		
2.9	卧室	m²			总精装修面积		m²/m²		
2.10	阳台	m²			总精装修面积		m²/m²		
2.11	其他房间	m²			总精装修面积		m²/m²		

注：1. 总精装修面积指精装修区总的地面铺装面层的面积。

2. 该区域精装修面积指需计算的该部分的地面面层铺装的面积。

表 A-08-02-01-02 单项工程主要工程量指标表（办公建筑）

序号	名称	计量单位	工程量	单位指标	相关指标				备注
					相关基数	数量	单位	相关单位指标	
			A	B		C		D=A÷C	
1	装饰装修总区域占比	m²			总建筑面积		m²/m²		
2	各功能房间区域占比	m²							
2.1	独立办公室	m²			总精装修面积		m²/m²		
2.2	开敞办公区	m²			总精装修面积		m²/m²		
2.3	会议室	m²			总精装修面积		m²/m²		
2.4	大堂	m²			总精装修面积		m²/m²		
2.4.1	地下部分	m²			大堂精装修面积		m²/m²		
2.4.2	地上部分	m²			大堂精装修面积		m²/m²		

表 A–08–02–01–02（续）

序号	名称	计量单位	工程量	单位指标	相关指标				备注
					相关基数	数量	单位	相关单位指标	
			A	B		C		D=A÷C	
2.5	多功能厅	m²			总精装修面积		m²/m²		
2.6	电梯厅	m²			总精装修面积		m²/m²		
2.6.1	地下部分	m²			电梯厅精装修面积		m²/m²		
2.6.2	地上部分	m²			电梯厅精装修面积		m²/m²		
2.7	休闲区	m²			总精装修面积		m²/m²		
2.8	共享空间	m²			总精装修面积		m²/m²		
2.9	餐厅及厨房	m²			总精装修面积		m²/m²		
2.10	商业用房	m²			总精装修面积		m²/m²		
2.11	物业人员用房	m²			总精装修面积		m²/m²		
2.12	茶水间	m²			总精装修面积		m²/m²		
2.13	公共走道	m²			总精装修面积		m²/m²		
2.13.1	地下部分	m²			公共走道精装修面积		m²/m²		
2.13.2	地上部分	m²			公共走道精装修面积		m²/m²		
2.14	卫生间、清洁间	m²			总精装修面积		m²/m²		
2.14.1	地下部分	m²			卫生间、清洁间精装修面积		m²/m²		
2.14.2	地上部分	m²			卫生间、清洁间精装修面积		m²/m²		
2.15	楼梯间	m²			总精装修面积		m²/m²		
2.15.1	地下部分	m²			楼梯间精装修面积		m²/m²		
2.15.2	地上部分	m²			楼梯间精装修面积		m²/m²		

序号	名称	计量单位	工程量	单位指标	相关指标				备注
					相关基数	数量	单位	相关单位指标	
			A	B		C		D=A÷C	
2.16	合用前室、楼梯前室	m²			总精装修面积		m²/m²		
2.16.1	地下部分	m²			合用前室、楼梯前室精装修面积		m²/m²		
2.16.2	地上部分	m²			合用前室、楼梯前室精装修面积		m²/m²		
2.17	车库	m²			总精装修面积		m²/m²		
2.18	其他房间	m²			总精装修面积		m²/m²		
3	套内建筑面积	m²			销售面积		m²/m²		套内建筑面积=套内使用面积+套内墙体面积+阳台面积 销售面积=套内建筑面积+分摊的公用建筑面积

注：1. 总精装修面积指精装修区总的地面铺装面层的面积。
　　2. 该区域精装修面积指需计算的该部分的地面面层铺装的面积。

表 A-08-02-01-03　单项工程主要工程量指标表（旅馆酒店建筑）

序号	名称	计量单位	工程量	单位指标	相关指标				备注
					相关基数	数量	单位	相关单位指标	
			A	B		C		D=A÷C	
1	精装修总区域占比	m²			总建筑面积		m²/m²		
2	各功能房间区域占比	m²							

表 A-08-02-01-03（续）

序号	名称	计量单位	工程量	单位指标	相关指标				备注
					相关基数	数量	单位	相关单位指标	
			A	B		C		D=A÷C	
2.1	酒店大堂区	m²			总精装修面积		m²/m²		
2.1.1	宾客服务区	m²			酒店大堂区精装修面积		m²/m²		
2.1.2	休闲活动区	m²			酒店大堂区精装修面积		m²/m²		
2.1.3	商务中心	m²			酒店大堂区精装修面积		m²/m²		
2.1.4	公共卫生间	m²			酒店大堂区精装修面积		m²/m²		
2.1.5	公共电梯厅	m²			酒店大堂区精装修面积		m²/m²		
2.1.6	公共楼梯间	m²			酒店大堂区精装修面积		m²/m²		
2.2	酒店餐饮区	m²			总精装修面积		m²/m²		
2.2.1	中餐厅	m²			酒店餐饮区精装修面积		m²/m²		
2.2.2	西餐厅	m²			酒店餐饮区精装修面积		m²/m²		
2.2.3	特色餐厅	m²			酒店餐饮区精装修面积		m²/m²		
2.2.4	酒吧茶室	m²			酒店餐饮区精装修面积		m²/m²		
2.3	酒店会议区	m²			总精装修面积		m²/m²		
2.3.1	接待厅	m²			酒店会议区精装修面积		m²/m²		
2.3.2	贵宾室	m²			酒店会议区精装修面积		m²/m²		
2.3.3	宴会厅	m²			酒店会议区精装修面积		m²/m²		

序号	名称	计量单位	工程量	单位指标	相关指标				备注
					相关基数	数量	单位	相关单位指标	
			A	B		C		D=A÷C	
2.3.4	会议室	m²			酒店会议区精装修面积		m²/m²		
2.3.5	会议区卫生间	m²			酒店会议区精装修面积		m²/m²		
2.4	康体娱乐区	m²			总精装修面积		m²/m²		
2.4.1	游泳池	m²			康体娱乐区精装修面积		m²/m²		
2.4.2	健身中心	m²			康体娱乐区精装修面积		m²/m²		
2.4.3	水疗中心（SPA）	m²			康体娱乐区精装修面积		m²/m²		
2.4.4	游戏设施区	m²			康体娱乐区精装修面积		m²/m²		
2.4.5	体育设施区	m²			康体娱乐区精装修面积		m²/m²		
2.4.6	更衣盥洗区	m²			康体娱乐区精装修面积		m²/m²		
2.5	酒店客房区	m²			总精装修面积		m²/m²		
2.5.1	标准间客房	m²			酒店客房区精装修面积		m²/m²		
2.5.2	普通套房	m²			酒店客房区精装修面积		m²/m²		
2.5.3	行政套房	m²			酒店客房区精装修面积		m²/m²		
2.5.4	豪华套房	m²			酒店客房区精装修面积		m²/m²		
2.5.5	总统套房	m²			酒店客房区精装修面积		m²/m²		
2.5.6	行政酒廊	m²			酒店客房区精装修面积		m²/m²		

序号	名称	计量单位	工程量	单位指标	相关指标				备注
					相关基数	数量	单位	相关单位指标	
			A	B		C		D=A÷C	
2.5.7	客房区走廊	m²			酒店客房区精装修面积		m²/m²		
2.5.8	客房服务区	m²			酒店客房区精装修面积		m²/m²		
2.6	酒店后勤区	m²			总精装修面积		m²/m²		
2.6.1	行政办公区	m²			酒店后勤区精装修面积		m²/m²		
2.6.2	员工生活区	m²			酒店后勤区精装修面积		m²/m²		
2.6.3	食物加工区	m²			酒店后勤区精装修面积		m²/m²		
2.6.4	后勤保障区	m²			酒店后勤区精装修面积		m²/m²		
2.6.5	设备用房	m²			酒店后勤区精装修面积		m²/m²		

注：1. 总精装修面积指精装修区总的地面铺装面层的面积。
2. 该区域精装修面积指需计算的该部分的地面面层铺装的面积。

表 A-08-02-01-04　单项工程主要工程量指标表（商业建筑）

序号	名称	计量单位	工程量	单位指标	相关指标				备注
					相关基数	数量	单位	相关单位指标	
			A	B		C		D=A÷C	
1	精装修总区域占比	m²			总建筑面积		m²/m²		
2	各功能房间区域占比	m²							
2.1	公共区域								此行不提工程量及指标

序号	名称	计量单位	工程量	单位指标	相关指标				备注
					相关基数	数量	单位	相关单位指标	
			A	B		C		D=A÷C	
2.1.1	大堂	m²			公共区域精装修面积		m²/m²		
2.1.2	电梯厅	m²			公共区域精装修面积		m²/m²		
2.1.3	楼梯间及合用前室	m²			公共区域精装修面积		m²/m²		
2.1.4	卫生间、清洁间	m²			公共区域精装修面积		m²/m²		
2.1.5	公共走道	m²			公共区域精装修面积		m²/m²		
2.2	商业区域								此行不提工程量及指标
2.2.1	商业用房	m²			商业区域精装修面积		m²/m²		
2.2.2	餐饮	m²			商业区域精装修面积		m²/m²		
2.2.3	文娱	m²			商业区域精装修面积		m²/m²		
2.2.4	休闲区	m²			商业区域精装修面积		m²/m²		
2.2.5	餐厅及厨房	m²			商业区域精装修面积		m²/m²		
2.3	办公区域								此行不提工程量及指标
2.3.1	开敞办公区	m²			办公区域精装修面积		m²/m²		
2.3.2	独立办公室	m²			办公区域精装修面积		m²/m²		

序号	名称	计量单位	工程量	单位指标	相关指标				备注
					相关基数	数量	单位	相关单位指标	
			A	B		C		D=A÷C	
2.3.3	会议室	m²			办公区域精装修面积		m²/m²		
2.3.4	共享空间	m²			办公区域精装修面积		m²/m²		
2.4	酒店区域								此行不提工程量及指标
2.4.1	酒店客房区域	m²			酒店区域精装修面积		m²/m²		
2.4.2	酒店公共区域	m²			酒店区域精装修面积		m²/m²		
2.5	辅助用房								此行不提工程量及指标
2.5.1	物业用房	m²			辅助用房精装修面积		m²/m²		
2.5.2	其他房间	m²			辅助用房精装修面积		m²/m²		
3	租售面积	m²			总建筑面积		m²/m²		租售面积为不含可销售的地下车库面积，但包含地下超市等商业面积

注：1. 总精装修面积指精装修区总的地面铺装面层的面积。
　　2. 该区域精装修面积指需计算的该部分的地面面层铺装的面积。
　　3. 商业综合体若含酒店，则按酒店精装修表格再详细填写工程量指标。

表 A-08-02-01-05-01　单项工程主要工程量指标表（剧院）

序号	名称	计量单位	工程量	单位指标	相关指标				备注
					相关基数	数量	单位	相关单位指标	
			A	B		C		D=A÷C	
1	精装修总区域占比	m²			总建筑面积		m²/m²		
2	各功能房间区域占比	m²			功能区总建筑面积		m²/m²		
2.1	舞台	m²			该功能区建筑面积		m²/m²		
2.2	观众厅	m²			该功能区建筑面积		m²/m²		
2.3	后台演出用房	m²			该功能区建筑面积		m²/m²		
2.3.1	化妆室	m²			该功能区建筑面积		m²/m²		
2.3.2	枪妆室	m²			该功能区建筑面积		m²/m²		
2.3.3	服装室	m²			该功能区建筑面积		m²/m²		
2.3.4	乐队休息室	m²			该功能区建筑面积		m²/m²		
2.3.5	乐器调音室	m²			该功能区建筑面积		m²/m²		
2.3.6	盥洗室	m²			该功能区建筑面积		m²/m²		
2.3.7	浴室	m²			该功能区建筑面积		m²/m²		
2.3.8	卫生间	m²			该功能区建筑面积		m²/m²		
2.3.9	候场室	m²			该功能区建筑面积		m²/m²		
2.3.10	道具室	m²			该功能区建筑面积		m²/m²		
2.3.11	指挥休息室	m²			该功能区建筑面积		m²/m²		
2.3.12	演出办公用房	m²			该功能区建筑面积		m²/m²		
2.4	后台辅助用房	m²			该功能区建筑面积		m²/m²		
2.4.1	排练厅	m²			该功能区建筑面积		m²/m²		
2.4.2	木工间	m²			该功能区建筑面积		m²/m²		
2.4.3	金工间	m²			该功能区建筑面积		m²/m²		

序号	名称	计量单位	工程量	单位指标	相关指标				备注
					相关基数	数量	单位	相关单位指标	
			A	B		C		D=A÷C	
2.4.4	绘景间	m²			该功能区建筑面积		m²/m²		
2.4.5	乐器库	m²			该功能区建筑面积		m²/m²		
2.4.6	硬景库	m²			该功能区建筑面积		m²/m²		
2.4.7	灯具库	m²			该功能区建筑面积		m²/m²		
2.5	前厅休息厅	m²			该功能区建筑面积		m²/m²		
2.5.1	售票处	m²			该功能区建筑面积		m²/m²		
2.5.2	商品临售处	m²			该功能区建筑面积		m²/m²		
2.5.3	衣物存放处	m²			该功能区建筑面积		m²/m²		
2.5.4	误场等候处	m²			该功能区建筑面积		m²/m²		
2.5.5	卫生间	m²			该功能区建筑面积		m²/m²		
2.6	餐厅	m²			该功能区建筑面积		m²/m²		
2.7	厨房	m²			该功能区建筑面积		m²/m²		
2.8	其他房间	m²			该功能区建筑面积		m²/m²		

注：1. 总精装修面积指精装修区总的地面铺装面层的面积。
　　2. 该功能区精装修面积指需计算的该部分的地面面层铺装的面积。

表 A–08–02–01–05–02　单项工程主要工程量指标表（展览馆）

序号	名称	计量单位	工程量	单位指标	相关指标				备注
					相关基数	数量	单位	相关单位指标	
			A	B		C		D=A÷C	
1	精装修总区域占比	m²			总建筑面积		m²/m²		
2	各功能房间区域占比	m²			功能区总建筑面积		m²/m²		
2.1	展览空间	m²			该功能区建筑面积		m²/m²		
2.1.1	展厅	m²			该功能区建筑面积		m²/m²		
2.1.2	展场	m²			该功能区建筑面积		m²/m²		

序号	名称	计量单位	工程量	单位指标	相关指标				备注
					相关基数	数量	单位	相关单位指标	
			A	B		C		D=A÷C	
2.2	公共服务空间	m²			该功能区建筑面积		m²/m²		
2.2.1	前厅	m²			该功能区建筑面积		m²/m²		
2.2.2	过厅	m²			该功能区建筑面积		m²/m²		
2.2.3	观众休息处（室）	m²			该功能区建筑面积		m²/m²		
2.2.4	贵宾休息室	m²			该功能区建筑面积		m²/m²		
2.2.5	新闻中心	m²			该功能区建筑面积		m²/m²		
2.2.6	会议空间	m²			该功能区建筑面积		m²/m²		
2.2.7	餐饮空间	m²			该功能区建筑面积		m²/m²		
2.2.8	厕所	m²			该功能区建筑面积		m²/m²		
2.3	仓储空间	m²			该功能区建筑面积		m²/m²		
2.3.1	室内展方库房	m²			该功能区建筑面积		m²/m²		
2.3.2	室内管理方库房	m²			该功能区建筑面积		m²/m²		
2.3.3	装卸区	m²			该功能区建筑面积		m²/m²		
2.3.4	室外堆场	m²			该功能区建筑面积		m²/m²		
2.4	辅助空间	m²			该功能区建筑面积		m²/m²		
2.4.1	行政管理用办公室	m²			该功能区建筑面积		m²/m²		
2.4.2	行政管理用会议室	m²			该功能区建筑面积		m²/m²		
2.4.3	行政管理用文印室	m²			该功能区建筑面积		m²/m²		
2.4.4	行政管理用值班室	m²			该功能区建筑面积		m²/m²		
2.4.5	员工休息室	m²			该功能区建筑面积		m²/m²		
2.4.6	员工卫生间	m²			该功能区建筑面积		m²/m²		
2.4.7	临时办公用房	m²			该功能区建筑面积		m²/m²		
2.4.8	设备用房	m²			该功能区建筑面积		m²/m²		

注：1. 总精装修面积指精装修区总的地面铺装面层的面积。

2. 该功能区精装修面积指需计算的该部分的地面面层铺装的面积。

表 A–08–02–01–05–03　单项工程主要工程量指标表（图书馆）

序号	名称	计量单位	工程量	单位指标	相关指标				备注
					相关基数	数量	单位	相关单位指标	
			A	B		C		D=A÷C	
1	精装修总区域占比	m²			总建筑面积		m²/m²		
2	各功能房间区域占比	m²			功能区总建筑面积		m²/m²		
2.1	书库	m²			该功能区建筑面积		m²/m²		
2.1.1	基本书库	m²			该功能区建筑面积		m²/m²		
2.1.2	开架书库	m²			该功能区建筑面积		m²/m²		
2.1.3	特藏书库	m²			该功能区建筑面积		m²/m²		
2.2	阅览室（区）	m²			该功能区建筑面积		m²/m²		
2.2.1	普通阅览室（区）	m²			该功能区建筑面积		m²/m²		
2.2.2	珍善本阅览室	m²			该功能区建筑面积		m²/m²		
2.2.3	微缩阅读区	m²			该功能区建筑面积		m²/m²		
2.2.4	音像视听室	m²			该功能区建筑面积		m²/m²		
2.2.5	电子阅览室	m²			该功能区建筑面积		m²/m²		
2.2.6	少儿阅览室	m²			该功能区建筑面积		m²/m²		
2.2.7	视障阅览室	m²			该功能区建筑面积		m²/m²		
2.3	检索出纳区	m²			该功能区建筑面积		m²/m²		
2.3.1	检索区	m²			该功能区建筑面积		m²/m²		
2.3.2	出纳区	m²			该功能区建筑面积		m²/m²		
2.4	公共活动用房	m²			该功能区建筑面积		m²/m²		
2.4.1	门厅	m²			该功能区建筑面积		m²/m²		
2.4.2	办证处	m²			该功能区建筑面积		m²/m²		
2.4.3	陈列厅	m²			该功能区建筑面积		m²/m²		
2.4.4	报告厅	m²			该功能区建筑面积		m²/m²		
2.4.5	培训场所	m²			该功能区建筑面积		m²/m²		

序号	名称	计量单位	工程量	单位指标	相关指标				备注
					相关基数	数量	单位	相关单位指标	
			A	B		C		D=A÷C	
2.5	辅助用房	m²			该功能区建筑面积		m²/m²		
2.5.1	读者休息处	m²			该功能区建筑面积		m²/m²		
2.5.2	咨询服务处	m²			该功能区建筑面积		m²/m²		
2.5.3	寄存处	m²			该功能区建筑面积		m²/m²		
2.5.4	值班室	m²			该功能区建筑面积		m²/m²		
2.5.5	休息室	m²			该功能区建筑面积		m²/m²		
2.5.6	卫生间	m²			该功能区建筑面积		m²/m²		
2.5.7	厨房	m²			该功能区建筑面积		m²/m²		
2.5.8	餐厅	m²			该功能区建筑面积		m²/m²		
2.6	业务用房	m²			该功能区建筑面积		m²/m²		
2.6.1	采编	m²			该功能区建筑面积		m²/m²		
2.6.2	典藏	m²			该功能区建筑面积		m²/m²		
2.6.3	辅导	m²			该功能区建筑面积		m²/m²		
2.6.4	咨询服务处	m²			该功能区建筑面积		m²/m²		
2.6.5	研究	m²			该功能区建筑面积		m²/m²		
2.6.6	信息处理	m²			该功能区建筑面积		m²/m²		
2.6.7	美工	m²			该功能区建筑面积		m²/m²		
2.7	技术用房	m²			该功能区建筑面积				
2.7.1	计算机房	m²			该功能区建筑面积		m²/m²		
2.7.2	微缩用房	m²			该功能区建筑面积		m²/m²		
2.7.3	照相	m²			该功能区建筑面积		m²/m²		
2.7.4	复印室	m²			该功能区建筑面积		m²/m²		
2.7.5	音响控制	m²			该功能区建筑面积		m²/m²		
2.7.6	装裱修复	m²			该功能区建筑面积		m²/m²		
2.7.7	消毒	m²			该功能区建筑面积		m²/m²		

注：1. 总精装修面积指精装修区总的地面铺装面层的面积。
　　2. 该功能区精装修面积指需计算的该部分的地面面层铺装的面积。

表 A-08-02-01-05-04 单项工程主要工程量指标表（档案馆）

序号	名称	计量单位	工程量	单位指标	相关指标			备注
					相关基数	数量	单位	相关单位指标	
			A	B		C		D=A÷C	
1	精装修总区域占比	m²			总建筑面积		m²/m²		
2	各功能房间区域占比	m²			功能区总建筑面积		m²/m²		
2.1	档案库区	m²			该功能区建筑面积		m²/m²		
2.1.1	纸质档案库	m²			该功能区建筑面积		m²/m²		
2.1.2	音像档案库	m²			该功能区建筑面积		m²/m²		
2.1.3	光盘库	m²			该功能区建筑面积		m²/m²		
2.1.4	缩微拷贝片库	m²			该功能区建筑面积		m²/m²		
2.1.5	母片库	m²			该功能区建筑面积		m²/m²		
2.1.6	特藏库	m²			该功能区建筑面积		m²/m²		
2.1.7	实物档案库	m²			该功能区建筑面积		m²/m²		
2.1.8	图书资料库	m²			该功能区建筑面积		m²/m²		
2.1.9	其他特殊载体档案库	m²			该功能区建筑面积		m²/m²		
2.1.10	更衣室	m²			该功能区建筑面积		m²/m²		
2.1.11	缓冲间	m²			该功能区建筑面积		m²/m²		
2.1.12	交通通道	m²			该功能区建筑面积		m²/m²		
2.1.13	封闭外廊	m²			该功能区建筑面积		m²/m²		
2.1.14	消毒室	m²			该功能区建筑面积		m²/m²		
2.2	对外服务用房	m²			该功能区建筑面积		m²/m²		
2.2.1	服务大厅	m²			该功能区建筑面积		m²/m²		
2.2.2	展览厅	m²			该功能区建筑面积		m²/m²		
2.2.3	报告厅	m²			该功能区建筑面积		m²/m²		
2.2.4	查阅登记室	m²			该功能区建筑面积		m²/m²		
2.2.5	目录室	m²			该功能区建筑面积		m²/m²		

表 A-08-02-01-05-04（续）

序号	名称	计量单位	工程量	单位指标	相关指标				备注
					相关基数	数量	单位	相关单位指标	
			A	B		C		D=A÷C	
2.2.6	开放档案阅览室	m²			该功能区建筑面积		m²/m²		
2.2.7	未开放档案阅览室	m²			该功能区建筑面积		m²/m²		
2.2.8	缩微阅览室	m²			该功能区建筑面积		m²/m²		
2.2.9	音像档案阅览室	m²			该功能区建筑面积		m²/m²		
2.2.10	电子档案阅览室	m²			该功能区建筑面积		m²/m²		
2.2.11	政府公开信息查阅中心	m²			该功能区建筑面积		m²/m²		
2.2.12	对外利用复印室	m²			该功能区建筑面积		m²/m²		
2.2.13	利用者休息室	m²			该功能区建筑面积		m²/m²		
2.2.14	饮水处	m²			该功能区建筑面积		m²/m²		
2.2.15	公共卫生间	m²			该功能区建筑面积		m²/m²		
2.3	办公用房和附属用房	m²			该功能区建筑面积		m²/m²		
2.3.1	办公室	m²			该功能区建筑面积		m²/m²		
2.3.2	警卫室	m²			该功能区建筑面积		m²/m²		
2.3.3	卫生间	m²			该功能区建筑面积		m²/m²		
2.3.4	浴室	m²			该功能区建筑面积		m²/m²		
2.3.5	医务室	m²			该功能区建筑面积		m²/m²		
2.3.6	变配电室	m²			该功能区建筑面积		m²/m²		
2.3.7	水泵房	m²			该功能区建筑面积		m²/m²		
2.3.8	电梯机房	m²			该功能区建筑面积		m²/m²		
2.3.9	空调机房	m²			该功能区建筑面积		m²/m²		
2.3.10	通信机房	m²			该功能区建筑面积		m²/m²		
2.3.11	消防用房	m²			该功能区建筑面积		m²/m²		

注：1. 总精装修面积指精装修区总的地面铺装面层的面积。
    2. 该功能区精装修面积指需计算的该部分的地面面层铺装的面积。

表 A-08-02-01-05-05　单项工程主要工程量指标表（博物馆）

序号	名称	计量单位	工程量	单位指标	相关指标				备注
					相关基数	数量	单位	相关单位指标	
		A	B			C		D=A÷C	
1	精装修总区域占比	m²			总建筑面积		m²/m²		
2	各功能房间区域占比	m²			功能区总建筑面积		m²/m²		
2.1	公众区域陈列展览功能区用房	m²			该功能区建筑面积		m²/m²		
2.1.1	纸质档案库	m²			该功能区建筑面积		m²/m²		
2.1.2	综合大厅	m²			该功能区建筑面积		m²/m²		
2.1.3	基本陈列厅	m²			该功能区建筑面积		m²/m²		
2.1.4	临时展厅	m²			该功能区建筑面积		m²/m²		
2.1.5	儿童展厅	m²			该功能区建筑面积		m²/m²		
2.1.6	特殊展厅及其设备间	m²			该功能区建筑面积		m²/m²		
2.1.7	展具储藏室	m²			该功能区建筑面积		m²/m²		
2.1.8	讲解员室	m²			该功能区建筑面积		m²/m²		
2.1.9	管理员室	m²			该功能区建筑面积		m²/m²		
2.2	公众区域教育功能区用房	m²			该功能区建筑面积		m²/m²		
2.2.1	影视厅	m²			该功能区建筑面积		m²/m²		
2.2.2	报告厅	m²			该功能区建筑面积		m²/m²		
2.2.3	教室	m²			该功能区建筑面积		m²/m²		
2.2.4	实验室	m²			该功能区建筑面积		m²/m²		
2.2.5	阅览室	m²			该功能区建筑面积		m²/m²		
2.2.6	博物馆之友活动室	m²			该功能区建筑面积		m²/m²		
2.2.7	青少年活动室	m²			该功能区建筑面积		m²/m²		

序号	名称	计量单位	工程量	单位指标	相关指标				备注
					相关基数	数量	单位	相关单位指标	
			A	B		C		D=A÷C	
2.3	公众区域服务设施	m²			该功能区建筑面积		m²/m²		
2.3.1	售票室	m²			该功能区建筑面积		m²/m²		
2.3.2	门廊	m²			该功能区建筑面积		m²/m²		
2.3.3	门厅	m²			该功能区建筑面积		m²/m²		
2.3.4	休息室（廊）	m²			该功能区建筑面积		m²/m²		
2.3.5	饮水	m²			该功能区建筑面积		m²/m²		
2.3.6	厕所	m²			该功能区建筑面积		m²/m²		
2.3.7	贵宾室	m²			该功能区建筑面积		m²/m²		
2.3.8	广播室	m²			该功能区建筑面积		m²/m²		
2.3.9	医务室	m²			该功能区建筑面积		m²/m²		
2.3.10	茶座	m²			该功能区建筑面积		m²/m²		
2.3.11	餐厅	m²			该功能区建筑面积		m²/m²		
2.3.12	商店	m²			该功能区建筑面积		m²/m²		
2.4	业务区域藏品库库前区用房	m²			该功能区建筑面积		m²/m²		
2.4.1	鉴选室	m²			该功能区建筑面积		m²/m²		
2.4.2	鉴选室	m²			该功能区建筑面积		m²/m²		
2.4.3	暂存库	m²			该功能区建筑面积		m²/m²		
2.4.4	保管员工作室	m²			该功能区建筑面积		m²/m²		
2.4.5	包装材料库	m²			该功能区建筑面积		m²/m²		
2.4.6	保管设备库	m²			该功能区建筑面积		m²/m²		
2.4.7	鉴赏室	m²			该功能区建筑面积		m²/m²		
2.4.8	周转库	m²			该功能区建筑面积		m²/m²		
2.5	业务区域藏品库库房区用房	m²			该功能区建筑面积		m²/m²		

序号	名称	计量单位	工程量	单位指标	相关指标				备注
					相关基数	数量	单位	相关单位指标	
			A	B		C		D=A÷C	
2.5.1	书画、油画室	m²			该功能区建筑面积		m²/m²		
2.5.2	金属器具室	m²			该功能区建筑面积		m²/m²		
2.5.3	陶瓷、玉石室	m²			该功能区建筑面积		m²/m²		
2.5.4	织绣室	m²			该功能区建筑面积		m²/m²		
2.5.5	木器家具室	m²			该功能区建筑面积		m²/m²		
2.5.6	雕塑室	m²			该功能区建筑面积		m²/m²		
2.5.7	民间工艺室	m²			该功能区建筑面积		m²/m²		
2.5.8	浸制标本室	m²			该功能区建筑面积		m²/m²		
2.5.9	干制标本室	m²			该功能区建筑面积		m²/m²		
2.5.10	工程技术产品库	m²			该功能区建筑面积		m²/m²		
2.5.11	科技展品库	m²			该功能区建筑面积		m²/m²		
2.5.12	模型库	m²			该功能区建筑面积		m²/m²		
2.5.13	音像资料库	m²			该功能区建筑面积		m²/m²		
2.6	业务区域藏品技术区用房	m²			该功能区建筑面积		m²/m²		
2.6.1	清洁间	m²			该功能区建筑面积		m²/m²		
2.6.2	凉置间	m²			该功能区建筑面积		m²/m²		
2.6.3	干燥间	m²			该功能区建筑面积		m²/m²		
2.6.4	熏蒸消毒间	m²			该功能区建筑面积		m²/m²		
2.6.5	冷冻消毒间	m²			该功能区建筑面积		m²/m²		
2.6.6	低氧消毒间	m²			该功能区建筑面积		m²/m²		
2.6.7	书画装裱及修复用房	m²			该功能区建筑面积		m²/m²		
2.6.8	油画修复室用房	m²			该功能区建筑面积		m²/m²		
2.6.9	实物修复用房	m²			该功能区建筑面积		m²/m²		

序号	名称	计量单位	工程量	单位指标	相关指标				备注
					相关基数	数量	单位	相关单位指标	
			A	B		C		D=A÷C	
2.6.10	药品库	m²			该功能区建筑面积		m²/m²		
2.6.11	临时库	m²			该功能区建筑面积		m²/m²		
2.6.12	动物标本制作用房	m²			该功能区建筑面积		m²/m²		
2.6.13	植物标本制作用房	m²			该功能区建筑面积		m²/m²		
2.6.14	化石修理室	m²			该功能区建筑面积		m²/m²		
2.6.15	模型制作室	m²			该功能区建筑面积		m²/m²		
2.6.16	鉴定实验室	m²			该功能区建筑面积		m²/m²		
2.6.17	修复工艺实验室	m²			该功能区建筑面积		m²/m²		
2.6.18	仪器室	m²			该功能区建筑面积		m²/m²		
2.6.19	材料库	m²			该功能区建筑面积		m²/m²		
2.6.20	生物实验室	m²			该功能区建筑面积		m²/m²		
2.7	业务与研究功能区用房	m²			该功能区建筑面积		m²/m²		
2.7.1	摄影用房	m²			该功能区建筑面积		m²/m²		
2.7.2	研究室	m²			该功能区建筑面积		m²/m²		
2.7.3	展陈设计室	m²			该功能区建筑面积		m²/m²		
2.7.4	阅览室	m²			该功能区建筑面积		m²/m²		
2.7.5	资料室	m²			该功能区建筑面积		m²/m²		
2.7.6	信息中心	m²			该功能区建筑面积		m²/m²		
2.8	行政区域行政管理功能区用房	m²			该功能区建筑面积		m²/m²		
2.8.1	行政办公室	m²			该功能区建筑面积		m²/m²		
2.8.2	接待室	m²			该功能区建筑面积		m²/m²		
2.8.3	会议室	m²			该功能区建筑面积		m²/m²		

序号	名称	计量单位	工程量	单位指标	相关指标				备注
					相关基数	数量	单位	相关单位指标	
			A	B		C		D=A÷C	
2.8.4	物业管理室	m²			该功能区建筑面积		m²/m²		
2.8.5	安全保卫用房	m²			该功能区建筑面积		m²/m²		
2.8.6	消防控制室	m²			该功能区建筑面积		m²/m²		
2.8.7	建筑设备监控室	m²			该功能区建筑面积		m²/m²		
2.9	行政区域附属用房	m²			该功能区建筑面积		m²/m²		
2.9.1	职工更衣室	m²			该功能区建筑面积		m²/m²		
2.9.2	职工餐厅	m²			该功能区建筑面积		m²/m²		
2.9.3	设备用房	m²			该功能区建筑面积		m²/m²		
2.9.4	行政库房	m²			该功能区建筑面积		m²/m²		

注：1. 总精装修面积指精装修区总的地面铺装面层的面积。
2. 该功能区精装修面积指需计算的该部分的地面面层铺装的面积。

表 A-08-02-01-05-06　单项工程主要工程量指标表（文化宫）

序号	名称	计量单位	工程量	单位指标	相关指标				备注
					相关基数	数量	单位	相关单位指标	
			A	B		C		D=A÷C	
1	精装修总区域占比	m²			总建筑面积		m²/m²		
2	各功能房间区域占比	m²			功能区总建筑面积		m²/m²		
2.1	群众活动用房	m²			该功能区建筑面积		m²/m²		
2.1.1	门厅	m²			该功能区建筑面积		m²/m²		
2.1.2	展览成列用房	m²			该功能区建筑面积		m²/m²		
2.1.3	报告厅	m²			该功能区建筑面积		m²/m²		
2.1.4	排演厅	m²			该功能区建筑面积		m²/m²		

序号	名称	计量单位	工程量	单位指标	相关指标				备注
					相关基数	数量	单位	相关单位指标	
			A	B		C		D=A÷C	
2.1.5	教室	m²			该功能区建筑面积		m²/m²		
2.1.6	计算机网络教室	m²			该功能区建筑面积		m²/m²		
2.1.7	多媒体视听教室	m²			该功能区建筑面积		m²/m²		
2.1.8	舞蹈排练厅	m²			该功能区建筑面积		m²/m²		
2.1.9	琴房	m²			该功能区建筑面积		m²/m²		
2.1.10	美术书法教师	m²			该功能区建筑面积		m²/m²		
2.1.11	图书阅览室	m²			该功能区建筑面积		m²/m²		
2.1.12	游艺用房	m²			该功能区建筑面积		m²/m²		
2.2	业务用房	m²			该功能区建筑面积		m²/m²		
2.2.1	录音录像室	m²			该功能区建筑面积		m²/m²		
2.2.2	文艺创作室	m²			该功能区建筑面积		m²/m²		
2.2.3	研究整理室	m²			该功能区建筑面积		m²/m²		
2.2.4	计算机机房	m²			该功能区建筑面积		m²/m²		
2.3	管理辅助用房	m²			该功能区建筑面积		m²/m²		
2.3.1	行政办公室	m²			该功能区建筑面积		m²/m²		
2.3.2	接待室	m²			该功能区建筑面积		m²/m²		
2.3.3	会计室	m²			该功能区建筑面积		m²/m²		
2.3.4	文印打字室	m²			该功能区建筑面积		m²/m²		
2.3.5	值班室	m²			该功能区建筑面积		m²/m²		
2.4	辅助用房	m²			该功能区建筑面积		m²/m²		
2.4.1	休息室	m²			该功能区建筑面积		m²/m²		
2.4.2	卫生间	m²			该功能区建筑面积		m²/m²		
2.4.3	淋浴用房	m²			该功能区建筑面积		m²/m²		
2.4.4	服装室	m²			该功能区建筑面积		m²/m²		

序号	名称	计量单位	工程量	单位指标	相关指标				备注
					相关基数	数量	单位	相关单位指标	
			A	B		C		D=A÷C	
2.4.5	道具室	m²			该功能区建筑面积		m²/m²		
2.4.6	物品仓库	m²			该功能区建筑面积		m²/m²		
2.4.7	值班室	m²			该功能区建筑面积		m²/m²		
2.4.8	档案室	m²			该功能区建筑面积		m²/m²		
2.4.9	资料室	m²			该功能区建筑面积		m²/m²		
2.4.10	车库	m²			该功能区建筑面积		m²/m²		
2.4.11	设备用房	m²			该功能区建筑面积		m²/m²		
2.4.12	厨房	m²			该功能区建筑面积		m²/m²		
2.4.13	餐厅	m²			该功能区建筑面积		m²/m²		

注：1. 总精装修面积指精装修区总的地面铺装面层的面积。
　　2. 该功能区精装修面积指需计算的该部分的地面面层铺装的面积。

表 A–08–02–01–05–07　单项工程主要工程量指标表（电影院）

序号	名称	计量单位	工程量	单位指标	相关指标				备注
					相关基数	数量	单位	相关单位指标	
			A	B		C		D=A÷C	
1	精装修总区域占比	m²			总建筑面积		m²/m²		
2	各功能房间区域占比	m²			功能区总建筑面积		m²/m²		
2.1	观众厅	m²			该功能区建筑面积		m²/m²		
2.2	公共区域	m²			该功能区建筑面积		m²/m²		
2.2.1	门厅	m²			该功能区建筑面积		m²/m²		
2.2.2	休息厅	m²			该功能区建筑面积		m²/m²		
2.2.3	售票处	m²			该功能区建筑面积		m²/m²		
2.2.4	小卖部	m²			该功能区建筑面积		m²/m²		
2.2.5	衣服存放处	m²			该功能区建筑面积		m²/m²		

表 A-08-02-01-05-07（续）

序号	名称	计量单位	工程量 A	单位指标 B	相关指标				备注
					相关基数	数量 C	单位	相关单位指标 D=A÷C	
2.2.6	卫生间	m²			该功能区建筑面积		m²/m²		
2.3	放映机房	m²			该功能区建筑面积		m²/m²		
2.3.1	机房	m²			该功能区建筑面积		m²/m²		
2.3.2	厕所	m²			该功能区建筑面积		m²/m²		
2.3.3	休息室	m²			该功能区建筑面积		m²/m²		
2.3.4	维修间	m²			该功能区建筑面积		m²/m²		
2.4	其他用房	m²			该功能区建筑面积		m²/m²		
2.4.1	多种营业用房	m²			该功能区建筑面积		m²/m²		
2.4.2	贵宾接待室	m²			该功能区建筑面积		m²/m²		
2.4.3	空调机房	m²			该功能区建筑面积		m²/m²		
2.4.4	通风机房	m²			该功能区建筑面积		m²/m²		
2.4.5	冷冻机房	m²			该功能区建筑面积		m²/m²		
2.4.6	水泵房	m²			该功能区建筑面积		m²/m²		
2.4.7	变配电室	m²			该功能区建筑面积		m²/m²		
2.4.8	灯光控制室	m²			该功能区建筑面积		m²/m²		
2.4.9	消防控制室	m²			该功能区建筑面积		m²/m²		
2.4.10	安防控制室	m²			该功能区建筑面积		m²/m²		
2.4.11	有线电视机房	m²			该功能区建筑面积		m²/m²		
2.4.12	计算机房	m²			该功能区建筑面积		m²/m²		
2.4.13	有线广播机房及控制室	m²			该功能区建筑面积		m²/m²		
2.4.14	行政办公室	m²			该功能区建筑面积		m²/m²		
2.4.15	会议室	m²			该功能区建筑面积		m²/m²		
2.4.16	职工食堂	m²			该功能区建筑面积		m²/m²		
2.4.17	更衣室	m²			该功能区建筑面积		m²/m²		
2.4.18	厕所	m²			该功能区建筑面积		m²/m²		

注：1. 总精装修面积指精装修区总的地面铺装面层的面积。

2. 该功能区精装修面积指需计算的该部分的地面面层铺装的面积。

181

A-08-02-01-06 单项工程主要工程量指标表（教育建筑）（表 A-08-02-01-06-01、表 A-08-02-01-06-02）

表 A-08-02-01-06-01　单项工程主要工程量指标表（教学楼）

序号	名称	计量单位	工程量	单位指标	相关指标				备注
					相关基数	数量	单位	相关单位指标	
			A	B		C		D=A÷C	
1	装饰装修总区域占比	m²			总建筑面积		m²/m²		
2	各功能房间区域占比	m²							
2.1	门厅	m²			总精装修面积		m²/m²		
2.2	普通教室	m²			总精装修面积		m²/m²		
2.3	听力考试教室、信息技术教室	m²			总精装修面积		m²/m²		
2.4	阶梯教室	m²			总精装修面积		m²/m²		
2.5	音乐教室	m²			总精装修面积		m²/m²		
2.6	美术教室	m²			总精装修面积		m²/m²		
2.7	舞蹈室	m²			总精装修面积		m²/m²		
2.8	多功能教室	m²			总精装修面积		m²/m²		
2.9	会议室	m²			总精装修面积		m²/m²		
2.10	办公室	m²			总精装修面积		m²/m²		
2.11	物理实验室	m²			总精装修面积		m²/m²		
2.12	化学实验室	m²			总精装修面积		m²/m²		
2.13	生物实验室	m²			总精装修面积		m²/m²		
2.14	仪器室	m²			总精装修面积		m²/m²		
2.15	储藏间	m²			总精装修面积		m²/m²		
2.16	阅览室	m²			总精装修面积		m²/m²		
2.17	广播室	m²			总精装修面积		m²/m²		
2.18	传达值班室	m²			总精装修面积		m²/m²		

序号	名称	计量单位	工程量	单位指标	相关指标				备注
					相关基数	数量	单位	相关单位指标	
			A	B		C		D=A÷C	
2.19	楼梯间	m²			总精装修面积		m²/m²		
2.19.1	地下部分	m²			楼梯间精装修面积		m²/m²		
2.19.2	地上部分	m²			楼梯间精装修面积		m²/m²		
2.20	卫生间、清洁间、茶水间、洗衣房	m²			总精装修面积		m²/m²		
2.20.1	地下部分	m²			2.20 精装修面积		m²/m²		
2.20.2	地上部分	m²			2.20 精装修面积		m²/m²		
2.21	公共走道	m²			总精装修面积		m²/m²		
2.21.1	地下部分	m²			公共走道精装修面积		m²/m²		
2.21.2	地上部分	m²			公共走道精装修面积		m²/m²		
2.22	其他房间	m²			总精装修面积		m²/m²		

注：1. 总精装修面积指精装修区总的地面铺装面层的面积。

2. 该功能区精装修面积指需计算的该部分的地面面层铺装的面积。

表 A-08-02-01-06-02　单项工程主要工程量指标表（幼儿园综合楼）

序号	名称	计量单位	工程量	单位指标	相关指标				备注
					相关基数	数量	单位	相关单位指标	
			A	B		C		D=A÷C	
1	装饰装修总区域占比	m²			总建筑面积		m²/m²		
2	各功能房间区域占比	m²							
2.1	门厅	m²			总精装修面积		m²/m²		
2.2	教室	m²			总精装修面积		m²/m²		
2.3	寝室	m²			总精装修面积		m²/m²		
2.4	办公室	m²			总精装修面积		m²/m²		

表 A-08-02-01-06-02（续）

序号	名称	计量单位	工程量 A	单位指标 B	相关指标 相关基数	数量 C	单位	相关单位指标 D=A÷C	备注
2.5	多功能活动室	m²			总精装修面积		m²/m²		
2.6	厨房	m²			总精装修面积		m²/m²		
2.7	配餐区	m²			总精装修面积		m²/m²		
2.8	衣帽储藏间	m²			总精装修面积		m²/m²		
2.9	晨检室	m²			总精装修面积		m²/m²		
2.10	医务室	m²			总精装修面积		m²/m²		
2.11	保健观察室	m²			总精装修面积		m²/m²		
2.12	值班室	m²			总精装修面积		m²/m²		
2.13	警卫室	m²			总精装修面积		m²/m²		
2.14	园长室	m²			总精装修面积		m²/m²		
2.15	财务室	m²			总精装修面积		m²/m²		
2.16	会议室	m²			总精装修面积		m²/m²		
2.17	教具制作室	m²			总精装修面积		m²/m²		
2.18	楼梯间	m²			总精装修面积		m²/m²		
2.18.1	地下部分	m²			楼梯间精装修面积		m²/m²		
2.18.2	地上部分	m²			楼梯间精装修面积		m²/m²		
2.19	厕所、盥洗间	m²			总精装修面积		m²/m²		
2.19.1	地下部分	m²			厕所、盥洗间精装修面积		m²/m²		
2.19.2	地上部分	m²			厕所、盥洗间精装修面积		m²/m²		
2.20	公共走道	m²			总精装修面积		m²/m²		
2.20.1	地下部分	m²			公共走道精装修面积		m²/m²		
2.20.2	地上部分	m²			公共走道精装修面积		m²/m²		
2.21	其他房间	m²			总精装修面积		m²/m²		

注：1. 总精装修面积指精装修区总的地面铺装面层的面积。
　　2. 该功能区精装修面积指需计算的该部分的地面面层铺装的面积。

184

A-08-02-01-07 单项工程主要工程量指标表（体育建筑）（表 A-08-02-01-07-01 ～ 表 A-08-02-01-07-03）

表 A-08-02-01-07-01 单项工程主要工程量指标表（体育馆）

序号	名称	计量单位	工程量	单位指标	相关指标				备注
					相关基数	数量	单位	相关单位指标	
			A	B		C		D=A÷C	
1	每座位平方米数量				座位数		m²/座位		
2	装饰装修总区域占比	m²			总建筑面积		m²/m²		
3	各功能房间区域占比	m²							
3.1	看台	m²			总精装修面积		m²/m²		
3.1.1	观众席	m²			看台精装修面积		m²/m²		
3.1.2	运动员席	m²			看台精装修面积		m²/m²		
3.1.3	媒体席	m²			看台精装修面积		m²/m²		
3.1.4	主席台	m²			看台精装修面积		m²/m²		
3.1.5	包厢	m²			看台精装修面积		m²/m²		
3.2	观众用房	m²			总精装修面积		m²/m²		
3.2.1	观众区	m²			观众用房精装修面积		m²/m²		
3.2.2	贵宾区	m²			观众用房精装修面积		m²/m²		
3.2.3	赞助商区	m²			观众用房精装修面积		m²/m²		
3.2.4	观众卫生间	m²			观众用房精装修面积		m²/m²		
3.2.5	商业（比赛时使用）	m²			观众用房精装修面积		m²/m²		
3.2.6	急救	m²			观众用房精装修面积		m²/m²		
3.2.7	儿童中心（平时可对外开放）	m²			观众用房精装修面积		m²/m²		
3.3	运动员用房				总精装修面积				
3.3.1	休息室	m²			运动员用房精装修面积		m²/m²		

表 A–08–02–01–07–01（续）

序号	名称	计量单位	工程量	单位指标	相关指标				备注
					相关基数	数量	单位	相关单位指标	
			A	B		C		D=A÷C	
3.3.2	兴奋剂检查室	m²			运动员用房精装修面积		m²/m²		
3.3.3	医务急救室	m²			运动员用房精装修面积		m²/m²		
3.3.4	检录处	m²			运动员用房精装修面积		m²/m²		
3.3.5	赛后控制室	m²			运动员用房精装修面积		m²/m²		
3.3.6	运动员更衣室	m²			运动员用房精装修面积		m²/m²		
3.3.7	室内热身场地	m²			运动员用房精装修面积		m²/m²		
3.3.8	健身训练	m²			运动员用房精装修面积		m²/m²		
3.3.9	辅助用房	m²			运动员用房精装修面积		m²/m²		
3.4	VIP/商业包厢用房	m²			总精装修面积		m²/m²		
3.4.1	商业包厢	m²			VIP、商业包厢用房精装修面积		m²/m²		
3.4.2	VVIP用房及辅助功能	m²			VIP、商业包厢用房精装修面积		m²/m²		
3.4.3	VIP用房及辅助功能	m²			VIP、商业包厢用房精装修面积		m²/m²		
3.4.4	VIP休息接待区	m²			VIP、商业包厢用房精装修面积		m²/m²		
3.4.5	入口门厅/接待/VIP采访区	m²			VIP、商业包厢用房精装修面积		m²/m²		
3.4.6	辅助用房	m²			VIP、商业包厢用房精装修面积		m²/m²		
3.5	竞赛管理用房	m²			总精装修面积		m²/m²		
3.5.1	组委会办公和接待用房	m²			竞赛管理用房精装修面积		m²/m²		
3.5.2	赛事技术用房	m²			竞赛管理用房精装修面积		m²/m²		
3.5.3	其他工作人员办公区	m²			竞赛管理用房精装修面积		m²/m²		

186

序号	名称	计量单位	工程量	单位指标	相关指标				备注
					相关基数	数量	单位	相关单位指标	
			A	B			C	D=A÷C	
3.5.4	储藏用房	m²			竞赛管理用房精装修面积		m²/m²		
3.5.5	休息与展览	m²			竞赛管理用房精装修面积		m²/m²		
3.5.6	公共门厅	m²			竞赛管理用房精装修面积		m²/m²		
3.5.7	裁判休息室	m²			竞赛管理用房精装修面积		m²/m²		
3.5.8	会议室（兼用日常管理办公用）	m²			竞赛管理用房精装修面积		m²/m²		
3.5.9	贵宾休息室（兼用日常管理办公用）	m²			竞赛管理用房精装修面积		m²/m²		
3.5.10	辅助用房（兼用日常管理办公用）	m²			竞赛管理用房精装修面积		m²/m²		
3.6	媒体用房	m²			总精装修面积		m²/m²		
3.6.1	新闻发布厅	m²			媒体用房精装修面积		m²/m²		
3.6.2	记者工作区	m²			媒体用房精装修面积		m²/m²		
3.6.3	记者休息区	m²			媒体用房精装修面积		m²/m²		
3.6.4	评论员控制室	m²			媒体用房精装修面积		m²/m²		
3.6.5	转播信息办公室	m²			媒体用房精装修面积		m²/m²		
3.6.6	新闻官员办公室	m²			媒体用房精装修面积		m²/m²		
3.6.7	采访区	m²			媒体用房精装修面积		m²/m²		
3.7	技术设备用房	m²			总精装修面积		m²/m²		
3.7.1	计时记分用房	m²			技术设备用房精装修面积		m²/m²		
3.7.2	终点摄像机房	m²			技术设备用房精装修面积		m²/m²		
3.7.3	屏幕控制室	m²			技术设备用房精装修面积		m²/m²		

序号	名称	计量单位	工程量	单位指标	相关指标				备注
					相关基数	数量	单位	相关单位指标	
			A	B		C		D=A÷C	
3.7.4	数据处理室	m²			技术设备用房精装修面积		m²/m²		
3.7.5	灯光控制室	m²			技术设备用房精装修面积		m²/m²		
3.7.6	扩声控制室	m²			技术设备用房精装修面积		m²/m²		
3.7.7	媒体转播控制室	m²			技术设备用房精装修面积		m²/m²		
3.8	场馆运营用房	m²			总精装修面积		m²/m²		
3.8.1	办公区	m²			场馆运营用房精装修面积		m²/m²		
3.8.2	会议区	m²			场馆运营用房精装修面积		m²/m²		
3.8.3	库房	m²			场馆运营用房精装修面积		m²/m²		
3.9	其他设备用房	m²			总精装修面积		m²/m²		
3.9.1	消防控制室	m²			其他设备用房精装修面积		m²/m²		
3.9.2	电气系统用房	m²			其他设备用房精装修面积		m²/m²		
3.9.3	设备机房	m²			其他设备用房精装修面积		m²/m²		
3.10	设备库房	m²			总精装修面积		m²/m²		
3.10.1	垃圾处理站	m²			设备库房精装修面积		m²/m²		
3.11	安保用房	m²			总精装修面积		m²/m²		
3.11.1	安保观察室	m²			安保用房精装修面积		m²/m²		
3.11.2	安保指挥室	m²			安保用房精装修面积		m²/m²		
3.12	商业用房	m²			总精装修面积		m²/m²		
3.13	公共交通空间	m²			总精装修面积		m²/m²		
3.14	应急中心	m²			总精装修面积		m²/m²		

注：1. 总精装修面积指精装修区总的地面铺装面层的面积。
　　2. 该功能区精装修面积指需计算的该部分的地面面层铺装的面积。

表 A-08-02-01-07-02 单项工程主要工程量指标表（体育场）

序号	名称	计量单位	工程量 A	单位指标 B	相关指标				备注
					相关基数	数量 C	单位	相关单位指标 D=A÷C	
1	每座位平方米数量				座位数		m²/座位		
2	装饰装修总区域占比	m²			总建筑面积		m²/m²		
3	各功能房间区域占比	m²							
3.1	看台	m²			总精装修面积		m²/m²		
3.1.1	观众席	m²			看台精装修面积		m²/m²		
3.1.2	运动员席	m²			看台精装修面积		m²/m²		
3.1.3	媒体席	m²			看台精装修面积		m²/m²		
3.1.4	主席台	m²			看台精装修面积		m²/m²		
3.1.5	包厢	m²			看台精装修面积		m²/m²		
3.2	观众用房	m²			总精装修面积		m²/m²		
3.2.1	观众区	m²			观众用房精装修面积		m²/m²		
3.2.2	贵宾区	m²			观众用房精装修面积		m²/m²		
3.2.3	赞助商区	m²			观众用房精装修面积		m²/m²		
3.2.4	观众卫生间	m²			观众用房精装修面积		m²/m²		
3.2.5	商业（比赛时使用）	m²			观众用房精装修面积		m²/m²		
3.2.6	急救	m²			观众用房精装修面积		m²/m²		
3.2.7	儿童中心（平时可对外开放）	m²			观众用房精装修面积		m²/m²		
3.3	运动员用房				总精装修面积		m²/m²		
3.3.1	休息室	m²			运动员用房精装修面积		m²/m²		
3.3.2	兴奋剂检查室	m²			运动员用房精装修面积		m²/m²		
3.3.3	医务急救室	m²			运动员用房精装修面积		m²/m²		

序号	名称	计量单位	工程量	单位指标	相关指标				备注
					相关基数	数量	单位	相关单位指标	
			A	B		C		D=A÷C	
3.3.4	检录处	m²			运动员用房精装修面积		m²/m²		
3.3.5	赛后控制室	m²			运动员用房精装修面积		m²/m²		
3.3.6	运动员更衣室	m²			运动员用房精装修面积		m²/m²		
3.3.7	室内热身场地	m²			运动员用房精装修面积		m²/m²		
3.3.8	健身训练	m²			运动员用房精装修面积		m²/m²		
3.3.9	辅助用房	m²			运动员用房精装修面积		m²/m²		
3.4	VIP/商业包厢用房	m²			总精装修面积		m²/m²		
3.4.1	商业包厢	m²			VIP、商业包厢用房精装修面积		m²/m²		
3.4.2	VVIP用房及辅助功能	m²			VIP、商业包厢用房精装修面积		m²/m²		
3.4.3	VIP用房及辅助功能	m²			VIP、商业包厢用房精装修面积		m²/m²		
3.4.4	VIP休息接待区	m²			VIP、商业包厢用房精装修面积		m²/m²		
3.4.5	入口门厅/接待/VIP采访区	m²			VIP、商业包厢用房精装修面积		m²/m²		
3.4.6	辅助用房	m²			VIP、商业包厢用房精装修面积		m²/m²		
3.5	竞赛管理用房	m²			总精装修面积		m²/m²		
3.5.1	组委会办公和接待用房	m²			竞赛管理用房精装修面积		m²/m²		
3.5.2	赛事技术用房	m²			竞赛管理用房精装修面积		m²/m²		
3.5.3	其他工作人员办公区	m²			竞赛管理用房精装修面积		m²/m²		
3.5.4	储藏用房	m²			竞赛管理用房精装修面积		m²/m²		
3.5.5	休息与展览	m²			竞赛管理用房精装修面积		m²/m²		

序号	名称	计量单位	工程量	单位指标	相关指标				备注
					相关基数	数量	单位	相关单位指标	
			A	B		C		D=A÷C	
3.5.6	公共门厅	m²			竞赛管理用房精装修面积		m²/m²		
3.5.7	裁判休息室	m²			竞赛管理用房精装修面积		m²/m²		
3.5.8	会议室（兼用日常管理办公用）	m²			竞赛管理用房精装修面积		m²/m²		
3.5.9	贵宾休息室（兼用日常管理办公用）	m²			竞赛管理用房精装修面积		m²/m²		
3.5.10	辅助用房（兼用日常管理办公用）	m²			竞赛管理用房精装修面积		m²/m²		
3.6	媒体用房	m²			总精装修面积		m²/m²		
3.6.1	新闻发布厅	m²			媒体用房精装修面积		m²/m²		
3.6.2	记者工作区	m²			媒体用房精装修面积		m²/m²		
3.6.3	记者休息区	m²			媒体用房精装修面积		m²/m²		
3.6.4	评论员控制室	m²			媒体用房精装修面积		m²/m²		
3.6.5	转播信息办公室	m²			媒体用房精装修面积		m²/m²		
3.6.6	新闻官员办公室	m²			媒体用房精装修面积		m²/m²		
3.6.7	采访区	m²			媒体用房精装修面积		m²/m²		
3.7	技术设备用房	m²			总精装修面积		m²/m²		
3.7.1	计时记分用房	m²			技术设备用房精装修面积		m²/m²		
3.7.2	终点摄像机房	m²			技术设备用房精装修面积		m²/m²		
3.7.3	屏幕控制室	m²			技术设备用房精装修面积		m²/m²		
3.7.4	数据处理室	m²			技术设备用房精装修面积		m²/m²		

序号	名称	计量单位	工程量	单位指标	相关指标				备注
					相关基数	数量	单位	相关单位指标	
			A	B		C		D=A÷C	
3.7.5	灯光控制室	m²			技术设备用房精装修面积		m²/m²		
3.7.6	扩声控制室	m²			技术设备用房精装修面积		m²/m²		
3.7.7	媒体转播控制室	m²			技术设备用房精装修面积		m²/m²		
3.8	场馆运营用房	m²			总精装修面积		m²/m²		
3.8.1	办公区	m²			场馆运营用房精装修面积		m²/m²		
3.8.2	会议区	m²			场馆运营用房精装修面积		m²/m²		
3.8.3	库房	m²			场馆运营用房精装修面积		m²/m²		
3.9	其他设备用房	m²			总精装修面积		m²/m²		
3.9.1	消防控制室	m²			其他设备用房精装修面积		m²/m²		
3.9.2	电气系统用房	m²			其他设备用房精装修面积		m²/m²		
3.9.3	设备机房	m²			其他设备用房精装修面积		m²/m²		
3.10	设备库房	m²			总精装修面积		m²/m²		
3.10.1	垃圾处理站	m²			设备库房精装修面积		m²/m²		
3.11	安保用房	m²			总精装修面积		m²/m²		
3.11.1	安保观察室	m²			安保用房精装修面积		m²/m²		
3.11.2	安保指挥室	m²			安保用房精装修面积		m²/m²		
3.12	商业用房	m²			总精装修面积		m²/m²		
3.13	公共交通空间	m²			总精装修面积		m²/m²		
3.14	应急中心	m²			总精装修面积		m²/m²		

注：1. 总精装修面积指精装修区总的地面铺装面层的面积。
   2. 该功能区精装修面积指需计算的该部分的地面面层铺装的面积。

表 A−08−02−01−07−03　单项工程主要工程量指标表［游泳馆（场）］

序号	名称	计量单位	工程量	单位指标	相关指标				备注
					相关基数	数量	单位	相关单位指标	
			A	B		C		D=A÷C	
1	每座位平方米数量				座位数		m^2/座位		
2	装饰装修总区域占比	m^2			总建筑面积		m^2/m^2		
3	各功能房间区域占比	m^2							
3.1	看台	m^2			总精装修面积		m^2/m^2		
3.1.1	观众席	m^2			看台精装修面积		m^2/m^2		
3.1.2	运动员席	m^2			看台精装修面积		m^2/m^2		
3.1.3	媒体席	m^2			看台精装修面积		m^2/m^2		
3.1.4	主席台	m^2			看台精装修面积		m^2/m^2		
3.1.5	包厢	m^2			看台精装修面积		m^2/m^2		
3.2	观众用房	m^2			总精装修面积		m^2/m^2		
3.2.1	观众区	m^2			观众用房精装修面积		m^2/m^2		
3.2.2	贵宾区	m^2			观众用房精装修面积		m^2/m^2		
3.2.3	赞助商区	m^2			观众用房精装修面积		m^2/m^2		
3.2.4	观众卫生间	m^2			观众用房精装修面积		m^2/m^2		
3.2.5	商业（比赛时使用）	m^2			观众用房精装修面积		m^2/m^2		
3.2.6	急救	m^2			观众用房精装修面积		m^2/m^2		
3.2.7	儿童中心（平时可对外开放）	m^2			观众用房精装修面积		m^2/m^2		
3.3	运动员用房				总精装修面积		m^2/m^2		
3.3.1	休息室	m^2			运动员用房精装修面积		m^2/m^2		
3.3.2	兴奋剂检查室	m^2			运动员用房精装修面积		m^2/m^2		
3.3.3	医务急救室	m^2			运动员用房精装修面积		m^2/m^2		
3.3.4	检录处	m^2			运动员用房精装修面积		m^2/m^2		
3.3.5	运动员更衣室	m^2			运动员用房精装修面积		m^2/m^2		
3.3.6	室内热身场地	m^2			运动员用房精装修面积		m^2/m^2		

表 A-08-02-01-07-03（续）

序号	名称	计量单位	工程量 A	单位指标 B	相关指标 相关基数	相关指标 数量 C	相关指标 单位	相关指标 相关单位指标 D=A÷C	备注
3.3.7	健身训练	m²			运动员用房精装修面积		m²/m²		
3.3.8	辅助用房	m²			运动员用房精装修面积		m²/m²		
3.4	VIP/商业包厢用房	m²			总精装修面积		m²/m²		
3.4.1	商业包厢	m²			VIP、商业包厢用房精装修面积		m²/m²		
3.4.2	VVIP用房及辅助功能	m²			VIP、商业包厢用房精装修面积		m²/m²		
3.4.3	VIP用房及辅助功能	m²			VIP、商业包厢用房精装修面积		m²/m²		
3.4.4	VIP休息接待区	m²			VIP、商业包厢用房精装修面积		m²/m²		
3.4.5	入口门厅/接待/VIP采访区	m²			VIP、商业包厢用房精装修面积		m²/m²		
3.4.6	辅助用房	m²			VIP、商业包厢用房精装修面积		m²/m²		
3.5	竞赛管理用房	m²			总精装修面积		m²/m²		
3.5.1	组委会办公和接待用房	m²			竞赛管理用房精装修面积		m²/m²		
3.5.2	赛事技术用房	m²			竞赛管理用房精装修面积		m²/m²		
3.5.3	其他工作人员办公区	m²			竞赛管理用房精装修面积		m²/m²		
3.5.4	储藏用房	m²			竞赛管理用房精装修面积		m²/m²		
3.5.5	休息与展览	m²			竞赛管理用房精装修面积		m²/m²		
3.5.6	公共门厅	m²			竞赛管理用房精装修面积		m²/m²		
3.5.7	裁判休息室	m²			竞赛管理用房精装修面积		m²/m²		
3.5.8	会议室（兼用日常管理办公用）	m²			竞赛管理用房精装修面积		m²/m²		
3.5.9	贵宾休息室（兼用日常管理办公用）	m²			竞赛管理用房精装修面积		m²/m²		

序号	名称	计量单位	工程量	单位指标	相关指标				备注
					相关基数	数量	单位	相关单位指标	
			A	B		C		D=A÷C	
3.5.10	辅助用房（兼用日常管理办公用）	m²			竞赛管理用房精装修面积		m²/m²		
3.6	媒体用房	m²			总精装修面积		m²/m²		
3.6.1	新闻发布厅	m²			媒体用房精装修面积		m²/m²		
3.6.2	记者工作区	m²			媒体用房精装修面积		m²/m²		
3.6.3	记者休息区	m²			媒体用房精装修面积		m²/m²		
3.6.4	评论员控制室	m²			媒体用房精装修面积		m²/m²		
3.6.5	转播信息办公室	m²			媒体用房精装修面积		m²/m²		
3.6.6	新闻官员办公室	m²			媒体用房精装修面积		m²/m²		
3.6.7	采访区	m²			媒体用房精装修面积		m²/m²		
3.7	技术设备用房	m²			总精装修面积		m²/m²		
3.7.1	计时记分用房	m²			技术设备用房精装修面积		m²/m²		
3.7.2	终点摄像机房	m²			技术设备用房精装修面积		m²/m²		
3.7.3	屏幕控制室	m²			技术设备用房精装修面积		m²/m²		
3.7.4	数据处理室	m²			技术设备用房精装修面积		m²/m²		
3.7.5	灯光控制室	m²			技术设备用房精装修面积		m²/m²		
3.7.6	扩声控制室	m²			技术设备用房精装修面积		m²/m²		
3.7.7	媒体转播控制室	m²			技术设备用房精装修面积		m²/m²		
3.8	场馆运营用房	m²			总精装修面积		m²/m²		
3.8.1	办公区	m²			场馆运营用房精装修面积		m²/m²		
3.8.2	会议区	m²			场馆运营用房精装修面积		m²/m²		
3.8.3	库房	m²			场馆运营用房精装修面积		m²/m²		
3.9	其他设备用房	m²			总精装修面积		m²/m²		

序号	名称	计量单位	工程量	单位指标	相关指标				备注
					相关基数	数量	单位	相关单位指标	
			A	B		C		D=A÷C	
3.9.1	消防控制室	m²			其他设备用房精装修面积		m²/m²		
3.9.2	电气系统用房	m²			其他设备用房精装修面积		m²/m²		
3.9.3	设备机房	m²			其他设备用房精装修面积		m²/m²		
3.10	设备库房	m²			总精装修面积		m²/m²		
3.10.1	垃圾处理站	m²			设备库房精装修面积		m²/m²		
3.11	安保用房	m²			总精装修面积		m²/m²		
3.11.1	安保观察室	m²			安保用房精装修面积		m²/m²		
3.11.2	安保指挥室	m²			安保用房精装修面积		m²/m²		
3.12	商业用房	m²			总精装修面积		m²/m²		
3.13	公共交通空间	m²			总精装修面积		m²/m²		
3.14	应急中心	m²			总精装修面积		m²/m²		

注：1. 总精装修面积指精装修区总的地面铺装面层的面积。
2. 该功能区精装修面积指需计算的该部分的地面面层铺装的面积。

A-08-02-01-08 单项工程主要工程量指标表（卫生建筑）（表 A-08-02-01-08）

表 A-08-02-01-08 单项工程主要工程量指标表（卫生建筑）

序号	名称	计量单位	工程量	单位指标	相关指标				备注
					相关基数	数量	单位	相关单位指标	
			A	B		C		D=A÷C	
1	总包一般区域	m²			区域面积		m²/m²		总包一般区域面积为总面积除去净化、防护、实验室、精装区域后的面积
1.1	地下车库	m²			总包一般区面积		m²/m²		
1.2	医疗综合区域	m²			总包一般区面积		m²/m²		
1.3	住院区域	m²			总包一般区面积		m²/m²		
1.4	教研区域	m²			总包一般区面积		m²/m²		

序号	名称	计量单位	工程量	单位指标	相关指标				备注
					相关基数	数量	单位	相关单位指标	
			A	B		C		D=A÷C	
1.5	宿舍区域	m²			总包一般区面积		m²/m²		总包一般区域面积为总面积除去净化、防护、实验室、精装区域后的面积
1.6	行政办公区域	m²			总包一般区面积		m²/m²		
1.7	配套（锅炉房、液氧站、污水处理站、门卫等）	m²			总包一般区面积		m²/m²		
2	净化区	m²			手术室面积/净化区面积		m²/m²		有净化要求的制剂中心、手术中心、ICU等房间及其配套房间
3	防护区域	m²			检查室面积/防护区面积		m²/m²		有防护要求的MRI、CT等房间及其配套房间
4	实验室区域	m²			实验室面积/实验区面积		m²/m²		PI实验室、动物实验室、分子生物学实验室等区域
5	精装修区域	m²			—				医疗主街、门诊大厅、候诊区、报告厅、电梯厅、行政楼会议室等精装修工程区域

A-08-02-01-09 单项工程主要工程量指标表（交通建筑）（表 A-08-02-01-09-01）

表 A-08-02-01-09-01 单项工程主要工程量指标表（机场航站楼）

序号	名称	计量单位	工程量	单位指标	相关指标				备注
					相关基数	数量	单位	相关单位指标	
		A	B			C		D=A÷C	
1	公共区	m²			总精装修面积		m²/m²		
1.1	公共区域（不含公共卫生间）	m²			公共区精装修面积		m²/m²		包括所有公众旅客能够到过的公共区域（如值机大厅、联检厅、旅客候机区、行李提取厅、商业区域公共部分等）
1.2	公共卫生间	m²			公共区精装修面积		m²/m²		
2	非公共区	m²			总精装修面积		m²/m²		
2.1	内部办公区	m²			非公共区精装修面积		m²/m²		
2.2	内部卫生间	m²			非公共区精装修面积		m²/m²		
2.3	行李处理区	m²			非公共区精装修面积		m²/m²		
2.4	机房	m²			非公共区精装修面积		m²/m²		
2.5	非公共区其他区域	m²			非公共区精装修面积		m²/m²		
3	二次装修区域	m²			总精装修面积		m²/m²		二次装修区为毛坯交楼，后期精装

注：1. 总精装修面积指精装修区总的地面铺装面层的面积。
   2. 该功能区精装修面积指需计算的该部分的地面面层铺装的面积。

198

A-08-02-02 单项工程主要工程量指标表（工业建筑）（表 A-08-02-02-01、表 A-08-02-02-02）

表 A-08-02-02-01 单项工程主要工程量指标表（厂房）

序号	名称	计量单位	工程量	单位指标	相关指标				备注
					相关基数	数量	单位	相关单位指标	
			A	B		C		D=A÷C	
1	建筑工程								
1.1	砌筑工程	m³			总建筑面积		m³/m²		
1.1.1	结构砖石基础	m³			总建筑面积		m³/m²		
1.1.2	设备砖石基础	m³			总建筑面积		m³/m²		
1.1.3	墙、柱砌筑工程	m³			总建筑面积		m³/m²		
1.2	混凝土工程	m³			总建筑面积		m³/m²		
1.2.1	现浇混凝土结构基础	m³			总建筑面积		m³/m²		
1.2.2	现浇混凝土设备基础	m³			总建筑面积		m³/m²		
1.2.3	现浇混凝土柱	m³			总建筑面积		m³/m²		
1.2.4	现浇混凝土柱间支撑、联系杆件	m³			总建筑面积		m³/m²		
1.2.5	现浇混凝土承重墙	m³			总建筑面积		m³/m²		
1.2.6	现浇混凝土行车梁	m³			总建筑面积		m³/m²		
1.2.7	现浇混凝土梁、板、整体屋面板	m³			总建筑面积		m³/m²		
1.2.8	现浇混凝土楼梯	m³			总建筑面积		m³/m²		
1.2.9	其他现浇混凝土构件	m³			总建筑面积		m³/m²		

199

序号	名称	计量单位	工程量		单位指标	相关指标				备注
						相关基数	数量	单位	相关单位指标	
			A	B			C		D=A÷C	
1.2.10	预制混凝土屋架	m³				总建筑面积		m³/m²		含装配式构件
1.2.11	预制混凝土柱	m³				总建筑面积		m³/m²		
1.2.12	预制混凝土柱间支撑、联系杆件	m³				总建筑面积		m³/m²		
1.2.13	预制混凝土墙	m³				总建筑面积		m³/m²		
1.2.14	预制混凝土行车梁	m³				总建筑面积		m³/m²		
1.2.15	预制混凝土梁、板、屋面板	m³				总建筑面积		m³/m²		
1.2.16	预制混凝土楼梯	m³				总建筑面积		m³/m²		
1.2.17	其他预制混凝土构件	m³				总建筑面积		m³/m²		
1.2.18	二次结构混凝土工程	m³				总建筑面积		m³/m²		
1.3	钢筋工程					总建筑面积				
1.3.1	结构基础钢筋	t				总建筑面积		t/m²		
1.3.2	设备基础钢筋	t				总建筑面积		t/m²		
1.3.3	上部结构钢筋	t				总建筑面积		t/m²		
1.4	金属结构工程					总建筑面积				
1.4.1	钢柱	t				总建筑面积		t/m²		包含劲性柱的钢含量
1.4.2	钢梁	t				总建筑面积		t/m²		包含劲性梁的钢含量

序号	名称	计量单位	工程量	单位指标	相关指标				备注
					相关基数	数量	单位	相关单位指标	
			A	B		C		D=A÷C	
1.4.3	钢结构柱间支撑、联系杆件	t			总建筑面积		t/m²		
1.4.4	钢行车梁	t			总建筑面积		t/m²		
1.4.5	钢楼梯	t			总建筑面积		t/m²		
1.4.6	钢楼板（t 或 m²）	t 或 m²			总建筑面积		t/m² 或 m²/m²		
1.4.7	钢桁架	t			总建筑面积		t/m²		
1.4.8	钢网架	t			总建筑面积		t/m²		
1.5	屋面工程	m²			总建筑面积		m²/m²		
1.5.1	钢屋面板（含檩条）	m²			总建筑面积		m²/m²		
1.5.2	型材屋面	m²			总建筑面积		m²/m²		
1.5.3	其他屋面	m²			总建筑面积		m²/m²		
1.6	防腐保温工程				总建筑面积				
1.6.1	防腐涂装（吨或平方米）	t 或 m²			总建筑面积		t/m² 或 m²/m²		
1.6.2	防火涂装（吨或平方米）	t 或 m²			总建筑面积		t/m² 或 m²/m²		
1.6.3	保温工程	m²			总建筑面积		m²/m²		
2	装饰工程	m²			总建筑面积		m²/m²		
2.1	楼地面装饰工程	m²			总建筑面积		m²/m²		
2.2	墙柱面装饰工程	m²			总建筑面积		m²/m²		
2.3	天棚工程	m²			总建筑面积		m²/m²		
2.4	门窗工程	m²			总建筑面积		m²/m²		
2.5	其他装饰工程	m²			总建筑面积		m²/m²		

序号	名称	计量单位	工程量	单位指标	相关指标				备注
					相关基数	数量	单位	相关单位指标	
			A	B		C		D=A÷C	
3	安装工程								
3.1	电气安装	m/台/套/个			总建筑面积		m²/m² 或 台/m² 或 套/m² 或 个/m²		
3.2	给排水安装	m/台/套/个			总建筑面积		m²/m² 或 台/m² 或 套/m² 或 个/m²		
3.3	通风工程	m/台/套/个			总建筑面积		m²/m² 或 台/m² 或 套/m² 或 个/m²		
3.4	消防电工程	m/台/套/个			总建筑面积		m²/m² 或 台/m² 或 套/m² 或 个/m²		
3.5	消防水工程	m/台/套/个			总建筑面积		m²/m² 或 台/m² 或 套/m² 或 个/m²		

表 A-08-02-02-02 单项工程主要工程量指标表（仓库）

序号	名称	计量单位	工程量	单位指标	相关指标				备注
					相关基数	数量	单位	相关单位指标	
			A	B		C		D=A÷C	
1	各功能房间区域占比	m²							
1.1	储存区	m²			总装饰装修面积		m²/m²		
1.2	办公区	m²			总装饰装修面积		m²/m²		

序号	名称	计量单位	工程量	单位指标	相关指标				备注
					相关基数	数量	单位	相关单位指标	
			A	B		C		D=A÷C	
1.3	材料室	m²			总装饰装修面积		m²/m²		
1.4	充电区	m²			总装饰装修面积		m²/m²		
1.5	喷油区	m²			总装饰装修面积		m²/m²		
1.6	库房	m²			总装饰装修面积		m²/m²		
1.7	楼梯间	m²			总装饰装修面积		m²/m²		
1.8	电梯井道	m²			总装饰装修面积		m²/m²		
1.9	电气间	m²			总装饰装修面积		m²/m²		
1.10	整理间	m²			总装饰装修面积		m²/m²		
1.11	工作室	m²			总装饰装修面积		m²/m²		
1.12	修理间	m²			总装饰装修面积		m²/m²		
1.13	车辆库	m²			总装饰装修面积		m²/m²		
1.14	露天货场	m²			总装饰装修面积		m²/m²		
1.15	装卸平台	m²			总装饰装修面积		m²/m²		
1.16	食堂	m²			总装饰装修面积		m²/m²		
1.17	浴室	m²			总装饰装修面积		m²/m²		
1.18	更衣室	m²			总装饰装修面积		m²/m²		
1.19	办公室	m²			总装饰装修面积		m²/m²		
1.20	保安室	m²			总装饰装修面积		m²/m²		
1.21	工具室	m²			总装饰装修面积		m²/m²		
1.22	卫生间	m²			总装饰装修面积		m²/m²		
1.23	休息室	m²			总装饰装修面积		m²/m²		
1.24	其他房间	m²			总装饰装修面积		m²/m²		

注：1. 总精装修面积指精装修区总的地面铺装面层的面积。

2. 该功能区精装修面积指需计算的该部分的地面面层铺装的面积。

A-08-03 单项工程主要工程量指标表（红线内室外工程表）（表 A-08-03）

表 A-08-03 单项工程主要工程量指标表（红线内室外工程表）

序号	名称	计量单位	工程量	单位指标	相关指标				备注
					相关基数	数量	单位	相关单位指标	
			A	B		C		D=A÷C	
1	室外电力工程								此行不提工程量及指标
2	室外智能化工程								此行不提工程量及指标
3	室外给水工程								此行不提工程量及指标
4	室外中水工程								此行不提工程量及指标
5	室外消防工程								此行不提工程量及指标
6	室外雨污水工程								此行不提工程量及指标
7	室外热力工程								此行不提工程量及指标
8	室外燃气工程								此行不提工程量及指标
9	室外道路工程	m²			室外面积		m²/m²		室外面积指建设用地面积扣减筑物首层建筑面积
9.1	人行道	m²			室外道路面积		m²/m²		室外道路面积指室外面积扣减园林绿化面积
9.2	车行道	m²			室外道路面积		m²/m²		

204

表 A-08-03（续）

序号	名称	计量单位	工程量	单位指标	相关指标				备注
					相关基数	数量	单位	相关单位指标	
		A	B			C		D=A÷C	
10	园林绿化工程	m²			室外面积		m²/m²		园林绿化面积指景观面积（含硬景＋软景面积）
10.1	硬景工程	m²			园林绿化面积		m²/m²		硬景指在整个园林景观单元中，有铺装、建造、木作、机电等方法造就的景观元素，如亭、台、廊、榭、景墙、水池、喷泉、假山、雕塑等
10.2	软景工程	m²			园林绿化面积		m²/m²		软景指与应景搭配的以植物造就的景观
10.3	水景工程								此行不提工程量及指标
10.4	景观电气								此行不提工程量及指标
10.5	喷灌工程								此行不提工程量及指标
11	门卫及围墙工程								此行不提工程量及指标
11.1	大门数量								此行不提工程量及指标
11.2	警卫室数量								此行不提工程量及指标
11.3	围墙长度	m			室外面积		m/m²		

A-09 主要工料单价与消耗量指标表（表 A-09）

表 A-09　主要工料单价与消耗量指标表

序号	名称	计量单位	消耗量	单价（元）	合价（元）	单位指标	造价占比（%）	备注
			A	B	C=A×B	D		

A-10 单位工程工料价格指标表（表 A-10-01、表 A-10-02）

表 A-10-01 单位工程工料价格指标表（通用表）

序号	名称	单位工程金额（元）	人工费			材料费			机械费			设备费			备注
		A	金额（元）B	单位指标 C	造价占比（%）D=B÷A	金额 E	单位指标 F	造价占比（%）G=E÷A	金额 H	单位指标 I	造价占比（%）J=H÷A	金额 K	单位指标 L	造价占比（%）M=K÷A	
1	建筑工程			人工费金额÷建筑面积（m^2）	人工费金额÷单位工程金额		材料费金额÷建筑面积（m^2）	材料费金额÷单位工程金额		机械费金额÷建筑面积（m^2）	机械费金额÷单位工程金额				
1.1	土石方、地基与桩基础工程			人工费金额÷建筑面积（m^2）	人工费金额÷单位工程金额		材料费金额÷建筑面积（m^2）	材料费金额÷单位工程金额		机械费金额÷建筑面积（m^2）	机械费金额÷单位工程金额				
1.2	结构工程			人工费金额÷建筑面积（m^2）	人工费金额÷单位工程金额		材料费金额÷建筑面积（m^2）	材料费金额÷单位工程金额		机械费金额÷建筑面积（m^2）	机械费金额÷单位工程金额				
1.3	防水工程			人工费金额÷建筑面积（m^2）	人工费金额÷单位工程金额		材料费金额÷建筑面积（m^2）	材料费金额÷单位工程金额		机械费金额÷建筑面积（m^2）	机械费金额÷单位工程金额				
1.4	保温工程			人工费金额÷建筑面积（m^2）	人工费金额÷单位工程金额		材料费金额÷建筑面积（m^2）	材料费金额÷单位工程金额		机械费金额÷建筑面积（m^2）	机械费金额÷单位工程金额				

表 A-10-01（续）

序号	名称	单位工程金额（元）A	人工费 金额 B	人工费 单位指标 C	人工费 造价占比（%）D=B÷A	材料费 金额 E	材料费 单位指标 F	材料费 造价占比（%）G=E÷A	机械费 金额 H	机械费 单位指标 I	机械费 造价占比（%）J=H÷A	设备费 金额 K	设备费 单位指标 L	设备费 造价占比（%）M=K÷A	备注
1.5	屋面工程（不含防水保温）			人工费金额÷建筑面积（m²）	人工费金额÷单位工程金额		材料费金额÷建筑面积（m²）	材料费金额÷单位工程金额		机械费金额÷建筑面积（m²）	机械费金额÷单位工程金额				
1.6	门窗工程			人工费金额÷建筑面积（m²）	人工费金额÷单位工程金额		材料费金额÷建筑面积（m²）	材料费金额÷单位工程金额		机械费金额÷建筑面积（m²）	机械费金额÷单位工程金额				
2	装饰工程			人工费金额÷建筑面积（m²）	人工费金额÷单位工程金额		材料费金额÷建筑面积（m²）	材料费金额÷单位工程金额		机械费金额÷建筑面积（m²）	机械费金额÷单位工程金额				
2.1	外立面工程			人工费金额÷建筑面积（m²）	人工费金额÷单位工程金额		材料费金额÷建筑面积（m²）	材料费金额÷单位工程金额		机械费金额÷建筑面积（m²）	机械费金额÷单位工程金额				
2.2	总包一次装饰装修工程			人工费金额÷建筑面积（m²）	人工费金额÷单位工程金额		材料费金额÷建筑面积（m²）	材料费金额÷单位工程金额		机械费金额÷建筑面积（m²）	机械费金额÷单位工程金额				
2.3	精装修工程			人工费金额÷建筑面积（m²）	人工费金额÷单位工程金额		材料费金额÷建筑面积（m²）	材料费金额÷单位工程金额		机械费金额÷建筑面积（m²）	机械费金额÷单位工程金额				

表 A-10-01（续）

序号	名称	单位工程金额（元）	人工费 金额（元）	人工费 单位指标	人工费 造价占比（%）	材料费 金额	材料费 单位指标	材料费 造价占比（%）	机械费 金额	机械费 单位指标	机械费 造价占比（%）	设备费 金额	设备费 单位指标	设备费 造价占比（%）	备注
		A	B	C	D=B÷A	E	F	G=E÷A	H	I	J=H÷A	K	L	M=K÷A	
3	机电安装工程			人工费金额÷建筑面积（m²）	人工费金额÷单位工程金额		材料费金额÷建筑面积（m²）	材料费金额÷单位工程金额		机械费金额÷建筑面积（m²）	机械费金额÷单位工程金额		设备费金额÷建筑面积（m²）	设备费金额÷单位工程金额	
3.1	电气工程			人工费金额÷建筑面积（m²）	人工费金额÷单位工程金额		材料费金额÷建筑面积（m²）	材料费金额÷单位工程金额		机械费金额÷建筑面积（m²）	机械费金额÷单位工程金额		设备费金额÷建筑面积（m²）	设备费金额÷单位工程金额	
3.2	电梯工程			人工费金额÷建筑面积（m²）	人工费金额÷单位工程金额		材料费金额÷建筑面积（m²）	材料费金额÷单位工程金额		机械费金额÷建筑面积（m²）	机械费金额÷单位工程金额		设备费金额÷建筑面积（m²）	设备费金额÷单位工程金额	
3.3	建筑智能及通信工程			人工费金额÷建筑面积（m²）	人工费金额÷单位工程金额		材料费金额÷建筑面积（m²）	材料费金额÷单位工程金额		机械费金额÷建筑面积（m²）	机械费金额÷单位工程金额		设备费金额÷建筑面积（m²）	设备费金额÷单位工程金额	
3.4	给水排水工程			人工费金额÷建筑面积（m²）	人工费金额÷单位工程金额		材料费金额÷建筑面积（m²）	材料费金额÷单位工程金额		机械费金额÷建筑面积（m²）	机械费金额÷单位工程金额		设备费金额÷建筑面积（m²）	设备费金额÷单位工程金额	

表 A-10-01（续）

序号	名称	单位工程金额（元） A	人工费			材料费			机械费			设备费			备注
			金额（元） B	单位指标 C	造价占比（%） D=B÷A	金额 E	单位指标 F	造价占比（%） G=E÷A	金额 H	单位指标 I	造价占比（%） J=H÷A	金额 K	单位指标 L	造价占比（%） M=K÷A	
3.5	消防工程			人工费金额÷单位建筑面积（m²）	人工费金额÷单位工程金额		材料费金额÷单位建筑面积（m²）	材料费金额÷单位工程金额		机械费金额÷单位建筑面积（m²）	机械费金额÷单位工程金额		设备费金额÷单位建筑面积（m²）	设备费金额÷单位工程金额	
3.6	采暖工程			人工费金额÷单位建筑面积（m²）	人工费金额÷单位工程金额		材料费金额÷单位建筑面积（m²）	材料费金额÷单位工程金额		机械费金额÷单位建筑面积（m²）	机械费金额÷单位工程金额		设备费金额÷单位建筑面积（m²）	设备费金额÷单位工程金额	
3.7	通风空调工程			人工费金额÷单位建筑面积（m²）	人工费金额÷单位工程金额		材料费金额÷单位建筑面积（m²）	材料费金额÷单位工程金额		机械费金额÷单位建筑面积（m²）	机械费金额÷单位工程金额		设备费金额÷单位建筑面积（m²）	设备费金额÷单位工程金额	
3.8	燃气工程			人工费金额÷单位建筑面积（m²）	人工费金额÷单位工程金额		材料费金额÷单位建筑面积（m²）	材料费金额÷单位工程金额		机械费金额÷单位建筑面积（m²）	机械费金额÷单位工程金额		设备费金额÷单位建筑面积（m²）	设备费金额÷单位工程金额	
4	其他工程			人工费金额÷单位建筑面积（m²）	人工费金额÷单位工程金额		材料费金额÷单位建筑面积（m²）	材料费金额÷单位工程金额		机械费金额÷单位建筑面积（m²）	机械费金额÷单位工程金额		设备费金额÷单位建筑面积（m²）	设备费金额÷单位工程金额	

表 A-10-02　红线内室外工程工料价格指标表

序号	名称	单位工程金额(元)	人工费			材料费			机械费			设备费			备注
		单位金额(元)	金额(元)	单位指标	造价占比(%)	金额(元)	单位指标	造价占比(%)	金额(元)	单位指标	造价占比(%)	金额(元)	单位指标	造价占比(%)	
		A	B	C	D=B÷A	E	F	G=E÷A	H	I	J=H÷A	K	L	M=K÷A	
1	红线内室外工程			人工费金额÷建筑面积(m²)	人工费金额÷单位工程金额		材料费金额÷建筑面积(m²)	材料费金额÷单位工程金额		机械费金额÷建筑面积(m²)	机械费金额÷单位工程金额		设备费金额÷建筑面积(m²)	设备费金额÷单位工程金额	
1.1	室外电力工程			人工费金额÷建筑面积(m²)	人工费金额÷单位工程金额		材料费金额÷建筑面积(m²)	材料费金额÷单位工程金额		机械费金额÷建筑面积(m²)	机械费金额÷单位工程金额		设备费金额÷建筑面积(m²)	设备费金额÷单位工程金额	
1.2	室外给水工程			人工费金额÷建筑面积(m²)	人工费金额÷单位工程金额		材料费金额÷建筑面积(m²)	材料费金额÷单位工程金额		机械费金额÷建筑面积(m²)	机械费金额÷单位工程金额		设备费金额÷建筑面积(m²)	设备费金额÷单位工程金额	
1.3	室外中水工程			人工费金额÷建筑面积(m²)	人工费金额÷单位工程金额		材料费金额÷建筑面积(m²)	材料费金额÷单位工程金额		机械费金额÷建筑面积(m²)	机械费金额÷单位工程金额		设备费金额÷建筑面积(m²)	设备费金额÷单位工程金额	
1.4	室外消防工程			人工费金额÷建筑面积(m²)	人工费金额÷单位工程金额		材料费金额÷建筑面积(m²)	材料费金额÷单位工程金额		机械费金额÷建筑面积(m²)	机械费金额÷单位工程金额		设备费金额÷建筑面积(m²)	设备费金额÷单位工程金额	
1.5	室外雨污水工程			人工费金额÷建筑面积(m²)	人工费金额÷单位工程金额		材料费金额÷建筑面积(m²)	材料费金额÷单位工程金额		机械费金额÷建筑面积(m²)	机械费金额÷单位工程金额		设备费金额÷建筑面积(m²)	设备费金额÷单位工程金额	

表 A-10-02（续）

序号	名称	单位工程金额（元）A	人工费 金额（元）B	人工费 单位指标 C	人工费 造价占比（%）D=B÷A	材料费 金额 E	材料费 单位指标 F	材料费 造价占比（%）G=E÷A	机械费 金额 H	机械费 单位指标 I	机械费 造价占比（%）J=H÷A	设备费 金额 K	设备费 单位指标 L	设备费 造价占比（%）M=K÷A	备注
1.6	室外热力工程			人工费金额÷建筑面积（m²） 人工费金额÷单位工程金额			材料费金额÷建筑面积（m²） 材料费金额÷单位工程金额			机械费金额÷建筑面积（m²） 机械费金额÷单位工程金额			设备费金额÷建筑面积（m²） 设备费金额÷单位工程金额		
1.7	室外燃气工程			人工费金额÷建筑面积（m²） 人工费金额÷单位工程金额			材料费金额÷建筑面积（m²） 材料费金额÷单位工程金额			机械费金额÷建筑面积（m²） 机械费金额÷单位工程金额			设备费金额÷建筑面积（m²） 设备费金额÷单位工程金额		
1.8	室外道路工程			人工费金额÷建筑面积（m²） 人工费金额÷单位工程金额			材料费金额÷建筑面积（m²） 材料费金额÷单位工程金额			机械费金额÷建筑面积（m²） 机械费金额÷单位工程金额			设备费金额÷建筑面积（m²） 设备费金额÷单位工程金额		
1.9	园林绿化工程			人工费金额÷建筑面积（m²） 人工费金额÷单位工程金额			材料费金额÷建筑面积（m²） 材料费金额÷单位工程金额			机械费金额÷建筑面积（m²） 机械费金额÷单位工程金额			设备费金额÷建筑面积（m²） 设备费金额÷单位工程金额		
1.10	门卫及围墙工程			人工费金额÷建筑面积（m²） 人工费金额÷单位工程金额			材料费金额÷建筑面积（m²） 材料费金额÷单位工程金额			机械费金额÷建筑面积（m²） 机械费金额÷单位工程金额			设备费金额÷建筑面积（m²） 设备费金额÷单位工程金额		

A-11 功能性（相关性）指标表（表 A-11）

表 A-11 功能性（相关性）指标表

序号	名称	金额/数量		功能指标			备注
		数值	单位	指标基数	单位	单位指标	
		A		B		C=A/B	
1	功能造价指标						
1.1	单项工程 1		万元		万元/（功能单位）		
1.1.1	建筑工程		万元		万元/（功能单位）		
1.1.2	装饰工程		万元		万元/（功能单位）		
1.1.3	机电安装工程		万元		万元/（功能单位）		
1.1.4	措施费		万元		万元/（功能单位）		
1.1.5	其他工程		万元		万元/（功能单位）		
1.1.6	生产、运营期设备采购及安装费		万元		万元/（功能单位）		
2	功能面积指标		m^2		m^2/（功能单位）		

注：功能指标基数根据不同工程分类的功能特点进行采用，各工程分类功能指标基数建议如下：

1. 居住建筑：住宅户数，单位（户）；
2. 办公建筑：办公人数，单位（工位）；
3. 旅馆酒店建筑：客房套数，单位（间）；
4. 商业建筑：可租售面积，单位（m^2）；
5. 露天剧场：观众席座位数，单位（座位）；
6. 展览馆：净展面积，单位（m^2）；
7. 图书馆：藏书量，单位（万册）；
8. 档案馆：馆藏档案数量，单位（万卷）；
9. 博物馆：展览区及藏品库区面积，单位（m^2）；
10. 文化宫：服务人口数量，单位（万人）；
11. 电影院：观影人数，单位（座位）；
12. 教学楼：班级数量，单位（班级）；
13. 幼儿园综合楼：班级数量，单位（班级）；
14. 体育馆：观众人数或运动场地面积，单位（座位或 m^2）；
15. 体育场：观众人数或运动场地面积，单位（座位或 m^2）；
16. 游泳馆（场）：观众人数或泳池面积，单位（座位或 m^2）；
17. 卫生建筑：病床数量，单位（床位）；
18. 机场航站楼：年旅客吞吐量，单位（万人次）；
19. 停车楼/车库：机动车停车数量，单位（车位）；
20. 厂房：产品年生产规模，单位（t·年或其他生产规模单位），根据不同生产内容确定生产规模单位；
21. 仓库：存储量，单位（吨或其他存储量单位），根据不同仓库存储货物种类确定存储单位。